U0869567

BOOKS LIFE
斑马書房

我 思 故 我 在

逆袭

任白 著

文化发展出版社
Cultural Development Press
·北 京·

图书在版编目（CIP）数据

逆袭 / 任白著. -- 北京 : 文化发展出版社, 2024.
8. -- ISBN 978-7-5142-4410-6

Ⅰ. B848.4-49

中国国家版本馆 CIP 数据核字第 2024CH2331 号

逆袭

著　　者：任　白

出 版 人：宋　娜　　　　责任印制：杨　骏
责任编辑：肖润征　王　梓　　责任校对：侯　娜　马　瑶
策划编辑：唐　三　史英男　　封面设计：于沧海
出版发行：文化发展出版社（北京市翠微路2号 邮编：100036）
网　　址：www.wenhuafazhan.com
经　　销：全国新华书店
印　　刷：河北文扬印刷有限公司

开　　本：710mm×1000mm　1/16
字　　数：100千字
印　　张：14
版　　次：2024年8月第1版
印　　次：2024年8月第1次印刷

定　　价：49.80元
I S B N：978-7-5142-4410-6

◆　如有印装质量问题，请电话联系：010-68567015

序

不是不努力，是不会努力

每天早晨醒来时，我都会对自己说：“我今天一定要合理规划自己的工作和生活，按时交报表，按时完成广告创意，按时去接女朋友下班……我保证自己从今天起作息规律，生活有序，让一切都井井有条，让自己成为一个高效的人。”没错，这些并不是什么高难度的目标，开始做吧！但是到了晚上，你发现自己辛苦忙碌了一天，早上制定的目标不但一个都没有实现，反而更加混乱无序了！

有时我们总是让自己处于疯狂忙碌却毫无收获的状态。我们常常因为不断地重复同样的错误而焦虑，因释放不了压力而忐忑不安，仿佛每天都在做无用功，决策和行动均大受考验。看上去每个人都情况不妙，但是，为什么仍旧有人能成功呢？他们精神焕发、心情愉悦地应对着日益庞大的信息量；他们似乎每天只用1个小时就能完成我们24小时都处理不完的工作；他们总在做对的事情，而我们对这个诀窍却一无所知。

尼尔斯（我在国外做咨询实习生时认识的同行）曾和他的合作伙伴科斯塔一起进行了一项富有创意的研究：那些世界级企业的高级管理者

是如何更高效地工作和生活的，他们这些领袖级人物的共同点是什么？在这项研究中，有上百位来自全球不同国家的CEO（首席执行官），虽然他们讲着各种各样的语言，但他们都属于我们今天这个世界的“独角兽俱乐部”（拥有超过10亿美元市值的初创企业）的成员。他们不仅是超级富人、社会名流和行业顶级权威，还是具有高智力、高情商的群体。尼尔斯利用自己的职业身份进行采访，积累了大量的案例，也为本书提供了大量案例。尼尔斯和他的团队在全球各地举办高端商业论坛，与企业的高管们深入接触，了解他们不为人知的故事。最后发现，他们与普通人最大的区别在于思维方式。

曾担任麦肯锡日本分公司董事长的经济评论家大前研一写下了《思考的技术》一书，他认为思路决定人的出路：“人们缺乏的不是做事的技能，而是缺少揭示事物本质的动力和好奇心，缺少怀疑一切的心态和对固有模式的怠惰。”在大前研一看来，人的命运之所以有大的不同，主要源于人和人的思考力的差距。正确的思考不但能洞悉事物的本质，还能打破线性思维的束缚。

大前研一将思考当作一门技术，强调了它的重要性。但在尼尔斯看来，思考的本质还与人的命运息息相关。

尼尔斯经常和同事讨论一个问题：“在乐观主义者、悲观主义者、现实主义者、理想主义者这四类人群中，哪类人更容易成功呢？”尼尔斯的团队在长期和大量的研究中发现，只有同时兼具乐观与现实两种品质的人才更容易成功，也更容易获得幸福。这类人的性格被称为“现实的乐观主义”——他们既拥有乐观主义者的积极心态，又会用现实主义者的清醒来判断机会。他们不像过度乐观主义者那样热衷于欺骗自己，也不像极端悲观主义者那样对一切都自暴自弃。在麻烦来临时，他们懂得用理性的、与大众保持距离的思考来解决问题。

有的人把这归结于性格、基因、前辈的熏陶或者某种不可言说的天赋，但尼尔斯却觉得这是思考模式的不同产生的偏差。我们很多人都听过两个推销员去沙漠里卖鞋子的故事：一个推销员见那里没有人穿鞋，就觉得不会有人买他的鞋子，结果失望而归；而另一个推销员却喜出望外，认为这是一个绝佳的机会，完全没有开发过的市场，意味着他的鞋子将会大卖。两名推销员的能力没什么差距，只是思考的模式与思维的特性有所不同，却产生了截然相反的判断，进而形成了命运的分野。

有人问尼尔斯："为什么出现问题时，你从不指责一个人行动的过失，而是追究他思考的责任呢？"是的，他很少建议人们在自己的行动中寻找答案，更希望每个人都可以清楚地知道自己是如何做决定的。

其实，在回答这个问题之前，读者有必要先回答另一个问题："我们为什么会行动？"

答："因为大脑有了想法。"

那么大脑的想法是什么？

答案是，想法就是动机。

任何行为的产生都有它的动机，而动机源于我们的愿望和目的。这一切都要依靠基于既定逻辑的思考来完成。所以，顺着这一串逻辑下来你就会明白，产生问题的根源是思考，是我们的思维模式，而非某种具体的、或对或错的行为。

当然，只用一本书的篇幅远不足以描述这些商业精英的思维优势，但正像美国著名思想家罗伯特·弗罗斯特所说："我们至少可以筑起一道墙，把重要的东西圈进来。”年轻人往往渴望成为新一代的扎克伯格或者第二个马云，成为令人仰视的“独角兽”。这当然是一个伟大的、使人激动的梦想。他们为之努力，可为什么目标如此遥远呢？秘密是什么？很简单，这便是本书的价值所在。想成为像扎克伯格或马云那样的人，想让自己生活得更好，那么，就要先让自己学会像他们一样去思考，像他们一样去决策和行动。

目 录
CONTENT

第三章

创新思维，发现人生的更多可能 / 059

第四章

自我规划，梦想是规划出来的 / 097

第七章

明辨真伪，多种途径获取有效信息 / 163

第八章

管理情绪，提升自我的内在竞争力 / 191

第一章

改变思维，努力才不会白费

为什么成功的总不是你

对多数人来说，阶层的真相是残酷的。人们对阶层流动性的期盼越来越强，但这种流动会让人看到和感受到很大的落差。世界上大部分研究者都把阶层定义在经济范畴，这种由财产、知识和权力的多寡来进行区分的方法看似清晰明确，实则掩盖了阶层形成的真正原因。

首先，阶层流动的本质是思维的较量。一个人的阶层属性是由他的思辨能力决定的，而不是财富和地位。因为只有这样才能解释为何过了而立之年仍在街头摆摊的马云可以突然崛起，用不到十年的时间就建立了全球最强大的电商平台，一跃成为中国最具创新精神的企业家。事实上，并非他获得经济成功后才拥有了这种地位，而是在成功之前，他一直是思维层面的佼佼者。可以这么说，早在摆地摊和当老师的时候，他的思维就已经超越大多数人了。

其次，人的思维方式也会通过教育和环境遗传下去。因为思辨能力的阶层属性又具有一定的关联性，它会在后天的思维训练和提升中悄悄影响人的基因——行为的、家庭的、心理的，乃至生理的。这就是精英的孩子大多数仍然是精英，平民的孩子有80%的概率继续固守平民阶层的原因。当你从思维的层面看待这种划分时，你会发现，即便他们的父辈在财富身份上发生了改变，也不影响后代的这种思维属性。

穷人思维的真相

从麻省理工学院毕业以后，马克拒绝了多家知名企业的高薪邀约，义无反顾地来到旧金山一家新成立的建筑设计公司。作为名牌大学的高才生，他对自己的未来十分乐观：即便成不了全美最好的建筑工程师，也能在这个行业从事更为重要的管理工作，为将来打下雄厚的基础。这是他选择一家新公司的原因——“如果我能帮助这样的企业打响招牌，顺利登上企业主管的位置，那么三五年后一定可以跳槽到东部的大公司，成为副总级别的高管。”

马克的理想令人赞叹，朋友和家人都对他竖起大拇指，支持他去实现理想。但现实却是残酷的，马克虽然在旧金山的这家公司如鱼得水，深受老板的信赖，一年后也拿到了两万美元的月薪，但始终没有升职的机会。时间很快过去了三年，不要说接到大公司的邀约，就连本公司的部门副主管他也没当上。他仍然只是一名“深受上司器重的工程设计人员”，仅此而已。

长达三年的奋斗都不能升职，马克的困惑、愤怒和失望是可想而知的：“我是麻省理工走出来的精英人才，为何只获得了普通雇员的职位？”没有人理解他和同情他。人们或许还在背后嘲笑他，这家伙只是在做梦罢了，他以为自己是埃利尔·沙里宁（美国著名建筑设计师）吗？

在这几年的时间中，公司内部的每一次职位竞聘，他都榜上有名，位列重要候选人，但每次他都被淘汰下来，不为董事会所考虑。为什么不听听老板对他的评价？“马克是个勤奋的小伙子，他有很强的工作能力，也在努力学习新的知识，对此大家有口皆碑；但他缺乏决策能力。有时他连自己的工作事务都梳理不清，决断能力差是我每次都无奈地排除掉他的原因。”几年来马克在这方面没有什么进步，老板也很失望。看起来，他当初的梦想已经落空了，这辈子只能做一名任劳任怨的设计师了。

我们不得不看一下马克在工作中的表现：

他总是给每件事留下一条后路。具体表现是他从来不把一件工作做完，快速完成一项工作、落定一项创意对他而言是不能容忍的，因为他无论做什么事情，都会给自己留下一些重新考虑的余地，以备有什么东西还要改动。所以画图纸时，如果不到需要交付的最后一分钟，马克就绝不肯交付。

他的思维有强烈的完美主义特征，事事追求完美无瑕。这一特点让他适合从事要求较高的项目，公司也经常把他放到重点工程的设计组，由他来监督和完成重要的设计任务。但他摇摆不定的行事风格实在太过低效了，有时已经寄出的文件，他也会打电话让客户原封不动地退回来——因为他需要修改几个用词，来使自己的表述更为精确。事实上，他要修改的部分无关紧要，客户并不在意。

这是让人平庸的毒药，是我们成为真正优秀人物的障碍。对于一个希望从事管理工作的人来说，重要的并不是获取多少知识，而是开发自己的思维能力，尤其是决断性的思维。它是优秀管理者的必备素质，也是那些卓越人物能够驾驭一支优秀团队、掌控复杂局势的保证。

致命的“思维摇摆症”在阻碍你的工作之余，还会把你的生活搞得一团糟。作为一名企业家，优柔寡断实在是一种致命的弱点。它一旦植入你的头脑，会对你的生活和工作造成巨大影响。当你羡慕那些在优秀的企业执掌牛耳的卓越人物，叹息自己为何没有这种机会时，有没有想过这种思维的弱点是否正附着于你的头脑，裂解你的心肺，并且无时无刻不操纵着你的肢体呢？思维的决断是如此重要，一旦出现问题，它不但可以破坏你的信心，还会吞噬你精准的判断和行动能力，让你的人生从此停滞。

改变自己的思维模式

马克要想从本质上改变自己的现状，就必须改造经常给自己带来麻烦的头脑。处理复杂的生活和工作问题，有很多非物质的能力需要他去学习，而不是把眼睛盯着怎么支配别人或者如何去赚更多的钱。钱非常重要，但它不是决定性的。就像可口可乐公司的老板随时能够放弃自己的全部财产、工厂和现金，只要保留他自己的品牌——这个伟大商业创意的结晶，就可以随时卷土重来。

强者不在乎眼前的利益，他们看重长远的发展，并能洞察对自己的命运真正重要的东西。这就是强者的思维本质。你为什么是弱者，而不是强者呢？因为你长时间信奉的是金钱决定命运。想让自己具备更高的社会价值，方法只有一个，训练自己的思维，培养自己的思辨能力，让头脑变得卓越而强大。

思辨能力的深度和广度决定了一个人的社会价值。从一个人出生起，头脑中就植入了一颗思辨的种子——它随着人的不同选择、经历的磨炼和视野的开拓，不断累积自己的能力值。普通人在18至30岁之间，会第一次思考自己如何才能获取成功，进入体面的成功阶层。也就是此时，他也会明显地感受到自己的思辨能力受到某种局限。

而对不少人来说，可能终生都摆脱不了下面这些自我的弱点。

喜欢内斗：走到哪儿都喜欢拉帮结派，工作中是出了名的内斗高手。

经常抱怨：很少反省自己的问题，而是怨天尤人。

死要面子：虚荣心强，不真诚，不实在，事事以虚伪的态度对待。

不接受批评：你休想批评他，他只接受人们的赞扬。

敏感而自卑：心胸狭窄并且敏感，很容易因很小的打击失去自信。

目光短浅：经常高谈阔论，实则没有长远眼光。

懒于行动：即便偶尔有不俗的见识，也懒得去做。

非此即彼：思考任何问题都倾向两种极端，不是神圣化，就是妖魔化。

这些就是思辨力差的表现。许多有钱人因为改正不了上述缺点，所以赚来的钱会在自己错误思维模式的主导下慢慢流失，成为彻头彻尾的穷人。这是阶层分化的动力，也是一个人向上爬升或向下跌落的根本原因。一个缺乏思辨能力的人，给他再多的钱他也留不住，因为他的思维能力会出卖他。

你和聪明人的差距在哪儿

聪明的人控制了全球经济，没有人会否认这个观点。但是，他们是怎么成长起来的？他们和普通人的区别是什么？他们又是如何统治世界和管理企业的？

2013年夏天，尼尔斯坐在曼哈顿纽约证券交易所的外面，和两名毕业于纽约大学斯特恩商学院的年轻人喝咖啡。这里是全球金融中心，是银行精英心目中的圣地，世界500强企业的股票每天都在这里交易。

他们充满憧憬地望着华尔街高耸入云的摩天大楼，对尼尔斯提出这样或那样的疑问。24岁的迈克尔·诺亚来自加州西部的小镇；26岁的阿克曼则是土生土长的纽约人。他俩的家族虽然分居美国的东西两端，相隔遥远，但关系深厚，友情已经持续了整整三代人。阿克曼的祖父曾经被推举去竞选市议员，得到了老诺亚一家人的大力支持，替他募集了不少资金。虽然参政的梦想没有实现，但从此为这两个普通的家庭注入了向上流社会奋斗的基因。

获得工商管理硕士学位后，诺亚和阿克曼选择留在纽约，并到曼哈顿发展事业。在家族友情的影响下，这对好朋友的目标出奇地一致。

“在那儿，有两张椅子是我们的！”阿克曼指了指远方的一栋大楼。

“嘿，那是联邦储备银行吗？不，是摩根总部。”诺亚开玩笑地说。

无论如何，两名年轻人准备在这块不到一平方千米且散发着铜臭味的建筑群中刻下自己的脚印。他们在过去的一周投递了上百封简历，也曾上门毛遂自荐。经过这段时间的“实地考察”，两个人已经深深地爱上了华尔街。

但是，从斯特恩到NYSE（纽约证券交易所）还有多远？他们准备好了吗？诺亚和阿克曼都需要转变头脑，才能坐上直达华尔街顶层的电梯。他们心怀远大的理想，希望尽快像华尔街的聪明人那样思考问题，或者坐在一张气派的办公桌后面，一出手就是大手笔。可他们还没有理解那个特殊的优秀群体的思维方式，眼前的一切都是陌生的。就像诺亚用了5分钟才想明白尼尔斯要干什么。

尼尔斯放下手中的杯子，说道：“听着，我有一只股票。瞧，它刚在电子屏幕上一闪而过……现在涨到42美元了，我想在下午三点半之前把它卖掉。”

诺亚困惑地反问：“先生，你为什么要在这时候抛掉它呢？”

聪明人的想法

我们要谈的并不是股票应该怎么买卖，而是在股票的价格变动中，会让我们看到不同群体的思维交织在一起——它们呈现出巨大的反差，使人与人的命运在此时此地汇聚，然后飞向相反的方向。华尔街到处都是市值百亿美元以上的世界500强企业，要想成为这里的风云人物，他们就必须好好想想：面对同一个问题时，那些卓越企业的管理者们是怎么想的？诺亚显然还没有明白这一点，他现在只想赚大钱，穿体面的衣服，开昂贵的跑车，给女朋友买高级化妆品。

像诺亚和阿克曼一样祈望命运转折的人，还有我的一位朋友格兰德。格兰德的理想并不单单是“成为有钱、有地位的体面人”。他说：“偷走你幸福的人不是小偷，而是银行和通货膨胀。”他试图证明自己可以掌控一些东西。尽管怀孕的妻子经常质疑他对家庭的责任，诟病他没有本事在孩子出生前换一栋带有儿童卧室的大房子。格兰德还说：“最大的风险就是你把钱放在银行，不投资钱是一定会贬值的。”这句话本身并没有错误。多年前，他就买了很多只股票，有赚有赔，总体来看聊胜于无。

有一天，他发现一只股票从23美元暴跌到了8美元，他认为这是抄底的好机会，便大胆买入，一次投入了15万美元——这是他的家庭储蓄金，一旦亏空，妻子会跟他拼命。他在兴奋中等了一个月，这只股票不但没涨，反而跌到了每股5美元。格兰德继续筹集资金，从同事和亲戚那里借来了10万美元投了进去。

“根据我的研究，这回应该到底了。”格兰德保持一贯的淡定。没想到又过了一个月，这只股票的价格变成了4美元。格兰德这时害怕了，他的内心生出了无穷无尽的恐惧：万一不会再涨了呢？经他打听，许多朋友也在两个月前买了这只股票，现在大家早就“割肉”离场了。在人们的嘲笑声中，格兰德抛掉了大部分的股票。显而易见的是，他不但没有赚到钱，反而使家庭财务雪上加霜。接下来他经历了一场战火纷飞的家庭大战。

这其实正是大多数人的思考及行为模式的真实写照。普通人在股市中历经风雨，备受摧残，早就习惯了股价的涨跌，已经认识到了一些聪明的做法。但他们既缺乏足够的耐心，也没有充足的信息用来做出下一步的准确判断。价格在下跌，它早晚到底。格兰德苦恼的是："底部的价格很少是我们这个层次的人能够想到的。"所以，不论价格是涨是跌，普通人很难避免恐慌，最后做出一些错误到离谱的决定。

同样是抄底行为，握有先天信息优势的投资精英就会从容很多——"善于搜集和分析信息"是这个群体不可缺少的能力。他们和普通大众一样，对于便宜的东西有一种天然的贪婪。但他们同时也知道：残酷的市场上往往没什么便宜可占——不付出足够的代价，就无法换来做梦都会笑醒的利润。这时候，他们需要的就不仅是几个月的耐心，而是超前的判断和强大的意志力。

因此，在2002年华尔街的那次"3小时暴跌"后，高盛公司的证券经理柯·蒂恩做出的选择是把自己管理的三分之二的账户资金全部投进去，而不是和其他人一样披头散发地逃出来。

他说："投资者现在像疯子一样到处乱窜，如果手中有枪，他们会把美国的证券经理全都干掉。可是我知道，在股票下跌时，不是谁都能看到机遇。我不是巴菲特，但我知道此时应该怎么做。"柯·蒂恩手中有6位客户的数千万美元，此时贬值已超过76%。套现离场可能是多数人的选择，但他宁愿承受压力，去追逐"黑暗中的机会"。

重要的是后面的决定——不论一年内亏损多少钱，他都会继续持有。强大的心理承受能力和对未来的坚定信心，让柯·蒂恩在30个月后赚得盆满钵满。格兰德就缺乏这样的思考能力。实际上格兰德只要再耐心等两个月，那只股票就一定会带给他巨大的惊喜。但他宁可相信朋友们的共同判断，也不愿意再坚持自己当初的原则。

聪明人的特质

相比普通人的惊慌失措，顶尖的聪明人在行情不好时会变身为头戴草帽隐藏在树丛之后的猎人。他们有的是耐心，且总能盯准即将到来的机遇。华尔街充斥着恐慌情绪时，哈撒韦公司的总裁巴菲特是怎么做的？他找到了一棵合适的树，准备好枪和弹药，悄悄地躲在后面，等候那只肉肥味美的“兔子”自己撞上来。

当人们欢欣雀跃地期盼股指再攀新高时，你应该选择撤退，站到一个安全的地方观赏那些人被“砸死”在倒塌的房子里。问题是，在关键时刻，只有少数人才有这样的判断力。他们能通过理智思考拨开重重迷雾，看透市场假象，发现事物的本质，然后顺理成章地做出正确的决策。所以，当股票下跌时，“独角兽俱乐部”的成员们和世界500强企业的CEO都在想什么？答案或许五花八门，但有一件事是肯定的，他们对市场很少存有“捞一把就走”的投机心理，所以价格的波动难以影响他们的思考和决策。但这恰恰是大众思维的软肋。

大众和精英的选择往往是相反的——不论人们多明白其中的奥妙，思维的局限性总在关键时刻束缚人们的手脚，做出最迎合自己本性的决策。因此，一个人的思维模式是平庸还是优秀，根据他在股市中的行为模式就能很好地判断，结果经常是八九不离十的。

聪明人很少觉得自己是聪明的。当你感觉自己是“聪明人”时，你距离摔一个大跟头也就不远了，就像股市每年都会给我们的教训。那些顶尖人物一般也是非常富有的，但他们绝不会声称自己是“有钱人”。低调才会安全，这是多么简单实用的道理！

没有绝对安全的地方，只有相对理性的判断。在复杂的局势中，第一时间采取行动的人不是大获成功，就是输得很惨。所以如果你没有把握，就让自己等一等，而不是听从朋友或亲人的“忠告”。假如一个人在做决定前总喜欢到处征求意见，那么我建议你别与他合作共事。

学习创造性的应变思维：在下跌中抓住良机。创造性的应变要求你可以反向思考问题，并从问题中看到规律，不轻易地跟随主流思维。正如巴菲特所说：“在别人恐惧时贪婪，在别人贪婪时恐惧。”成功者总能通过这种犀利的思考为自己创造机遇，而大众群体总是不经意间死于自身思维方式的僵化。所以只有转换思维的方向，你才能从容地打开命运的另一扇门。

不要让自己成为空想家

人都有梦想，但一不小心就会变成空想。就像我在年轻时希望自己成为世界自行车大赛的冠军，最后却只收藏了几辆骑手的自行车了事。这是梦想，没有实现是我缺乏足够坚定的行动力。我的一位朋友告诉我，他大学时的人生目标是创建一家类似标准石油一样的商业帝国，但他现在只是一家拍卖公司的主管。这是空想，因为今天已经没有了洛克菲勒式扩张的战略和垄断思维的生存空间。

“梦想”和“空想”都是我们在全心地渴望某个想法能够变成现实。或许两者唯一而且最重要的不同是可行性。对，就是可行性——这是多么重要的一个词语，就是它决定了成功者和失败者的致命区别。事实上，应变思维的最大标志并不是“对成功有最热情真诚的渴望”，而是“善于分析做什么是有可能成功的”。

尼尔斯的合伙人科斯塔曾经在自己的一篇财经报道中对特斯拉汽车公司的CEO伊隆·马斯克不无嘲讽地形容：“这位害怕机器人和外星人的‘硅谷钢铁侠’每天都在媒体上曝光，时不时地给人们讲点‘笑话’——虽然在他看来这都是值得一做的正经事。”

不过，科斯塔的嘲讽技能可能用错了地方。马斯克并不能算是空想家，因为他是实实在在的亿万富豪，是已经取得巨大成功的汽车领域的创新家。

大众之中从来不乏“空想创业家”——这是无数普通创业者的状态。虽然多数人都梦想着成为下一个马云，希望自己可以凭借一个伟大的目标改变命运，成功地拿到“独角兽俱乐部”的入场券。但是，往往那些认为自己拥有一个“必胜构想”的人，都没有成功地将构想转化为行动，创办一家成功的公司或者在某个平台实现自己的梦想。就像诺亚和阿克曼一样，他们这样的人有成千上万，就在你我之间。

尼尔斯在回复科斯塔的邮件中说：“这是我们多数人的宿命——成家立业，日复一日地奔波于家和单位，停止成长，停止探索，放弃野心和卓越的实用主义，然后开始抱怨。抱怨者挤满了街头和每一栋楼房，却很少尝试改变现状。他们都有一个梦想，但很少为之努力，甚至不再希望生活发生点什么了，对待工作最大的期待就是不犯错误，安稳地拿着目前的薪水，等待退休。”

为什么人们逐渐呈现出“内心狂热却行为迟滞”的状态呢？

因为头脑中的大众思维使人们完全不想承担风险。人们平时用大量的时间维护人际关系，想让别人喜欢并赞同他的想法。他观察别人比认识自我的时间更多，并且想真正融入更多人的世界，而不是塑造自我。这是大众的基本特征之一。因此人们最终失去了自我，昨天的梦想也变成了今天的空想。

为钢铁大王安德鲁·卡内基撰写传记的作家纳沙曾经这样评论像卡内基那样的人物与普通人的不同：“安德鲁无数次被自己的宏大计划逼得无路可走，站在悬崖边上，但他从来没有害怕过失败。他从不会担心：‘万一事情达不到计划的预期怎么办？’或者对计划的成功表示忧虑：‘成功后我没有能力掌控怎么办？’不！安德鲁对任何事都胸有成竹。他愿意为了实现目标承担巨大的风险，哪怕是身败名裂；他不惜一切代价实现梦想，所以安德鲁成功地跻身为美国那个时代的‘三巨头’之一。但是，普罗大众思考问题和对待梦想的方式是完全相反的，他们永远把害怕写在额头上，就像每个人都在对别人暗示：‘你能不能帮帮我？’这既可悲，也不奇怪。如果你问我为何能够影响世界的伟大人物是如此之少，这就是原因。”

所以，当一个成功的企业家走进办公室，准备开始一天的工作时，他会区分谁是真正的人才，谁是公司里的空想分子。

对自己的梦想缺乏真正的热情

空想家会告诉你他正在准备一项了不起的事业，比如投资一个项目，开一家公司，或者应聘某个薪酬待遇极高的职位。总之，他有一个计划，也对自己所要投身的行业充满了热情。但是，当你继续深入地了解（与之交谈）时，你却很少听他说到更加具体的细节，他可能只是有兴趣而已，而不是热爱这个东西。真正的成功人士对自己的梦想是充满巨大热情的——是他一生的最爱，就像我们在乔布斯、扎克伯格等人身上看到的一样。

一个人如果对自己的工作并不能做到百分之百的笃信和饱含激情，又怎么要求别人用百分之百的信任回馈他呢？

我曾经问一名科技企业的总经理马卡先生：“假如现在你拥有了这个世界上最多的财富和无人匹敌的地位，你还会专注地发展自己的企业吗？”

马卡毫不犹豫地回答：“不会。”

我说：“那么，请你现在就退出自己的企业吧。因为你对它并没有投入真正的热情，而是背负着一些不情愿的负面压力在经营它。现在退出，你可以节省大量的时间和金钱，去寻找你真正喜欢做的事情。”

在我看来，那些成功地将企业发展成一家卓越公司的CEO，他们必然对自己的商业模式有着无比的激情和热爱，并准备让梦想通过自己的努力得以实现，同时将这种商业模式推广到全世界，哪怕付出巨大的代价（成为伤痕累累的探路者）也在所不惜。对空想家而言，他们没有这种热情——有的只是一种成为企业家的欲望。仅此而已。

喜欢论证，不喜欢行动

不管是梦想还是空想，采取行动才是关键。行动是兑现思考成果的唯一方式，也是精英们最信奉的人生工具。但对空想家来说，行动如同藏在口袋里羞于见人的宝贝。他们很喜欢讨论自己的想法，去和任何人论证一个目标的可行性和实现的方法，但你很少看到他们采取切实的行动。

空想家们怀揣信念，一如站在曼哈顿大街上眺望纽约证券交易所大楼的无数年轻人一样。他们为此思考了很多，也已经准备好了，但是总觉得还有些东西不符合自己的期望。于是，他们迟迟不迈出实践的那一步。有梦想并且实干的CEO们都是说到做到、勇于行动的；空想CEO们则永远只说不做，一直等待心目中的理想条件——但这是不可能的。

没有什么环境是绝对令你满意的，就像本书也不会为你做好一切成功的准备，也不可能完全迎合你的期望及目标。所以，如果你想从万千大众中脱颖而出，就必须用实践验证梦想，用行动冲破阶层间的屏障。

有完美主义情结，却只想走“捷径”

多数中小企业的管理者在某种程度上都对未来有着不切实际的空想——越是距离目标尚远的人，其思维就越有完美主义的一面。他们对工作要求太高，对员工要求太严，对自己的未来设想得过于理想化。理想主义者大多出现在大众群体。这样的结论一定会让你感到惊讶，但这是事实。大众对于财富总有一种不切实际的期望，试图寻找最快获得财富的方式，因此思维脱离现实，做计划时总把各方面的条件设想得完美无缺。可当他真的想做时就会发现，现实中并没有这样的捷径。

你必须明白自己需要付出多么不菲的代价才能实现梦想。在获得成功之前，你不可能发现捷径的存在。只有在头脑中去除这样的企图，愿意用扎实而漫长的行动获取成就，你才能在思维层面跟上成功人物的步伐，真正进入更高的阶层。

做一个踏实的行动派

普通人大多在闷头空想，而实干的梦想家却在悄悄行动，每一步都力求快速到位、精准高效。为了让自己拥有这样的风格，你需要为充满梦想却有点儿倒霉的自己做些什么？

在上海拥有一家食品公司的王先生邀请我去他的公司看一看，替他出谋划策。他向我咨询的第一个问题是："为何公司成立两年来，我当初制定的目标没有一个实现？"王先生从父亲那里继承了一家规模很小的食品作坊，随后他投入资金升级了生产设备，改善了卫生环境，成立了正规的食品企业。在企业成立之初，王先生定下了两年内年均销售额突破300万美元的目标。他不仅要在上海打开销路，还要将食品远销国外。

如今两年过去了，他的食品公司依旧不死不活，和刚成立时没什么两样。王先生十分郁闷，他认为自己已经谈论得够多了，不想再纠结增加多少设备和人员、设立多少连锁销售店这样的技术性问题。更重要的是他觉得整个公司都没有意气风发的奋斗精神，员工对眼前的状态并不满意，却没有拿出为前程努力的诚意。

从王先生的企业回来一周后，我给他写了一封邮件，希望自己的点拨可以让他领悟到应该坚守并努力践行的原则：

尊敬的王先生：

为了能够实现梦想、发展企业以及取得最终的成功，你正在经历一场情绪的过山车。这的确让人同情，但我一点也不意外。当你感受到沮丧或者绝望时，有没有想过自己为此做了什么呢？制定目标仅仅是一个喜悦的开始，如果你不对自己拥有的资本做出足够的改变，为企业可以实现这样的突破而付出自己的行动，你将很难到达成功的终点。

从今天开始，你一定要培育自己的行动力。事实是你在办公室坐得太久了，我发现你一天的时间有6个小时都待在那个封闭的空调房里纸上谈兵。如果你还想谈论你的梦想和你的目标，那么你必须改变这种欲望强烈却什么都没做的状态，在员工行动之前就迈出自己的第一步。比如，你是不是应该先改善一线销售人员的薪资待遇？他们是你完成此目标的第一助力，是公司最宝贵的财富。你可以让父亲为你感到骄傲，让员工为你的雄心壮志折服，但首先不能让自己毁了你的梦想，其次才有机会将食品卖到其他地方。

我告诉王先生，他必须行动起来，用行动证明自己的判断是正确的，用行动实现梦想的价值，并让对手对自己产生畏惧，让家人从他这里体会到安全感。除了行动，没有任何方式可以挽救他和他的企业，也没有人会主动帮助他。一心依靠别人把自己扶起来，本身就是一种弱者思维。

像王先生一样空有远大的梦想但缺乏行动力的人实在太多了。不过，只要你认识到自己在行动方面的缺陷，采取有效的步骤加以改善，即便不会成为那些能够管理一家伟大企业的领袖级人物，也能够保证自己的事业立于不败之地，和大多数人区分开来。

第一步，确立梦想。

你的梦想是什么？这是你要解决的第一个问题。为自己确立一个可以热情投入而又不乏挑战性的具体目标。梦想可大可小，但都必须是具体的和可实现的。比如“我想成为财经领域的评论家”，而不是“我希望能操控所有人的思想”。前者既具体又有可实现性，后者却是毋庸置疑的空想。

第二步，想象成果。

对于梦想达成后的结果要有清醒和可以量化的认识。比如——“我成为财经领域的评论家后，既提升了知名度，又提高了自己投资理财的水平。”达到目标以后，将如何从中获益？第二步解决的就是这个问题。

第三步，分析障碍。

这是最为关键的一个步骤（大众思维会选择性地忽视它）——实事求是地分析。结合目标，对比分析现状和环境因素，找到阻碍自己实现梦想的一切不利因素：

自己距离实现目标有哪些能力上的差距？

当前环境是否有利于自己？

在实现梦想的过程中可能遭遇哪些挫折？

自己的身体与精神状况（意志力）是否能够坚持下去？

这些障碍中的每一个细小的因素都可能杀死你的梦想，让你功亏一篑。比如——“我需要了解财经领域，但我目前对它一无所知；我口才不好，可能上不了电视节目；我情绪不稳定，有时喜欢发脾气；我判断力差，对金融市场甚至整个经济环境的洞察力较差……这些都是我实现目标的障碍，因此我不能轻举妄动。”分析和找到障碍，然后制定有效的应变举措，是梦想家变身为行动派的重要一步。

第四步，制订计划。

在前三步的基础上，我们就可以制订详细的行动计划了。你一定要采纳“假如遇到了某障碍，我就采取某行动”的计划形式，有针对性地解决上述全部的不利因素。你要有解决方案，还要有备用计划，做到未雨绸缪。这是成功者的优异品质，是卓越人物最喜欢做的事情。他们讨厌阻碍自己前进的不利条件，但绝不会像鸵鸟一样无视它们，而是走过去，一个接一个地把它们消除掉。

所以，成为一名优秀财经评论员的计划应该是这样的——“我每天拿出3个小时的时间来研究财经领域，阅读相关书籍；报演讲培训班提高自己的表达能力；参加户外拓展训练提升自己的意志力；通过听音乐等方式，让自己成为一个情绪稳定的人；仔细观察经济形势和金融市场的变动，努力找出其中的规律。”解决问题的过程，就是梦想实现的过程。这就是付诸行动的思考为你的人生带来的改变。

真正要解决的问题是你要让自己的大脑先行动起来，成为一个精明的分析家，不要再待在那座封闭的小房子里。你要知道自己距离梦想存在多大的差距，还需要做什么，同时对最后的结局保持乐观；你也要明白在遭遇挫败时该怎样行动。下面是我根据自己的经验列出的一个简单的行动清单：

· 写下一个你很想实现的梦想：梦想要十分具体，具备一定的难度，并且可以衡量。

· 写下你将如何从实现的梦想中受益：它为你带来的好处，至少写出两条。

· 写下你实现梦想面临的障碍：至少要写出一方面的差距和三种可能遇到的挫折。

· 制订详细的行动计划：你将如何弥补差距和应对可能发生的挫折。

清单写好后，请把它贴到自己每天都可以看到的地方，这样可以更好地督促自己。

时刻保持“独角兽”思维

从大众到“独角兽”，从金字塔的底层到顶层，秘诀就在于思维方式。像“独角兽”一样思考，像他们一样采取行动，你就有机会攀升到金字塔的上半部分。最近几百年来，人类一直在总结和探索更为有效的思维和行为模式——应该怎样看世界，如何思考、解决问题。

那些带领世界500强企业的顶尖领导者究竟与普通人有哪些不同的思维习惯和行动策略？他们总是可以做出正确的决定，为什么？我们知道，比尔·盖茨在少年时代就沉迷于电脑软件，后来他大学没毕业就创立微软，开发出了至今仍垄断全球市场的视窗操作系统；安德鲁·卡内基没有受过多少教育，他十几岁时就到杂货店打工，养家糊口，但他后来成了在经济上“造就美国”的人。像盖茨和卡内基这样的伟大人物当然有某些过人的技能，比如写软件代码和具有簿记员的本领。但他们不是超人，让他们成功的主要是思维方式——将自己“普通人”的身份改造成了“高成就者”。如果你愿意，你也能够做到，我们每个人都可以。

保持高度的专注力

一旦找到了方向，他们总是可以做到专注——心无旁骛地做自己既定的工作。我们把这种本领定义为“笃信型思维方式”，他们是该行业的佼佼者，也早晚会成为引领潮流之人。因为他们从不怀疑自己做好这件事情的决心，这是他们的信念。

东芝公司的CEO田中久雄说：“工作就像射箭，要全神贯注于不远处的靶子，把其他所有的事情抛到一边，别受任何杂念的干扰。”他认为专注可以帮助笨人战胜聪明人。当一个人集中全部注意力时，不管做什么事情都会有成功的最大可能性。相比之下，心神不宁的聪明人由于同时关注的目标太多，很难在这种思维的竞逐中取得胜利。后者往往是大部分人的生存状态。你在做事时想得越多，上帝对你越吝啬。

与压力为伴

在我采访一家文具公司的部门主管时，他做了一个形象的比喻：“我热爱工作的理由之一，就是那种分秒必争的紧迫感。压力让我沉醉，她是我的情人。面对一件不能让我紧张起来的事情，我无法想象自己会有多大的兴趣。我可能转身就走。”

压力让普通人更庸碌无为，却让那些精英更出色。压力摧垮了一大部分人，也成就了一小部分人。你可以读读那些卓越企业领导者的奋斗经历，他们无不是从紧张到窒息的高压中杀出来的。高尔夫球王伍兹说："当有一天我走向第一个球座时没有感到紧张，我就该退出这项运动了。"只要是有意义、有难度的工作，都会对人产生压力，问题是你能不能扛住压力。

创造性地看待事物

他们使自己尽量异想天开，用与众不同的眼光观察和思考这个世界。当其他人（大众）在一旁观察他们时，做出的反应经常是摇头、不解甚至鄙弃，但他们用自己的行动和结果证明了一个事实——未来总是由能够创造性思考的人创造的。

美国运通公司的前CEO肯尼斯·切诺尔特说："什么是竞争？我认为没有明确的定义。从现在起，本土的、世界的一切竞争都将会变成关于创意和非传统思维方式的竞争。谁掌握了创造力，谁就赢得了全球市场。"谢诺曾经用美国取代英国成为世界主要经济体的案例教育下属。他认为美国不是赢在了强大的工业实力和出色的战略技巧，而是美国在19世纪末和20世纪初涌现出了一大批富有创新精神的精英人才，正是这些具备创新思维的伟大人物集体推动了美国的发展。

我曾对深圳一家公司的运营总监说："你想学乔布斯吗？没有一个异想天开的梦想，你就只能跟在别人身后亦步亦趋，永远做不出'不可思议的成就'。"乔布斯的思维不是学出来的，而是结合自身创造出来的。你要有一种创造的感觉——创造梦想，创造目标，创造团队，创造成功。用创造性的思维分析这个世界，你一定能找到突出重围的机会。

永远充满自信

他们不在乎批评自己的人；他们低头做自己的事情，不会对外界的流言蜚语有丝毫的在意；他们对自己信心十足，从不怀疑，即便身边的很多人都已经失去信心，他们仍然是那个继续战斗的人。这是真正的自信——了解自身的潜力，理性而乐观地看待自己的能力。这种本领会督促和激励他们排除一切障碍，想到解决问题的办法，摆脱绝境并取得成功。

当然，自信心从来都不是成功的保证，但却可以极大地增加成功的可能性。任何一种可能性都令他们兴奋，却让大众忧虑而且退缩。这就是两者的差异。顶尖人物追求的是从容地掌控局势，而不是一定能够成功。大众却希望胜利唾手可得。这就太难了。所以，假如你希望有一种方法能够让你离成功更近一些，从现在起你就应该明白并记住这个道理：信心不是决定性的，但永远都是成长为这些卓越人物的必要条件。

第二章

独立思考，是规避风险的最好方法

你有多久没有独立思考了

我们生活的社会错综复杂，有诚信和善良，同时也有欺骗和险恶。但不管是好还是坏，这些特定的行为都不是生来就有的，也非造物主的属性，而是头脑和思维的产物。

问题是，我们从小到大，多久没有独立思考了？

教育家陶行知先生说："吃自己的饭，滴自己的汗，自己的事自己干，靠人靠天靠祖上，不算是好汉！"意思就是做人做事一定要靠自己，你是自己人生的主力，不要过分地依赖或信任别人。因为没有谁走的路永远是正确的，也没有谁的智力永远都是超前的，你所信任的人也有可能犯下错误，走入歧途。一旦你对某个人、某种观点过分信任和依赖，这个时候由于牢固的惯性，你可能根本无法意识到错误的发生。

其实，依赖就是在思维惯性和心理习惯的积累中逐渐形成的——从小时候的蹒跚学步依赖父母，到进入学校依赖师长。青少年时期，无论是生活还是学习，我们都在依赖别人：物质上，精神上，思维方式上，我们无不受父母、老师等的影响。但是随着年龄的增长，步入社会，找到工作，组建家庭，则是摆脱惯性和依赖的过程。通过自己的观察、体验和总结，大部分人走向了独立，建立了自立思维，但也有少部分人继续沿袭成长过程中形成的惯性。他们懒得思考，也不想改变，久而久之就成了一种“思维病”，它就是依赖型人格，是一种隐性但严重的心理和思考层面的问题。

依赖型人格普遍存在于年轻人群体中。据不完全统计，在18～25岁的年轻人中，高达78%的人不同程度有这种心理问题。

依赖型人格主要有以下几种特征。

第一，请求强迫症。

在做决定或处理事情之前，他（她）首先要征求别人的意见，或者请求别人给予一定的保证：“你要帮助我！”否则他（她）无法迈出第一步。他（她）早就习惯了请求，以至于大事小事都会听取他人的建议，从请求中获得安全感。

第二，目标依赖。

我发现处于就业阶段的年轻人是具有目标依赖的主要群体。在大学毕业后的几年内，他还不知道自己的人生目标是什么，也从来没有给自己一个明确的定位：“我要做什么？”他可能有一个答案，但并不确定，因此还要征求别人的意见，并依赖别人为他指出方向。比如该以何种职业谋生？该如何生活？是应该创业还是从基层做起，进公司当一名雇员？一旦形成了这种依赖，未来的每一天他都需要强者的指点，而他自己则没有主见。

第三，“墙头草，两边倒”。

他的观点和立场左右摇摆，一会儿倒向A，一会儿又支持B。他不是没有自己的思想，而是缺少安全感，明明知道对方的观点是错误的，也要去迎合对方，来保障自己的利益。他生怕因为自己的独特见解而被人排挤，因此永远都会倒向更强的一方。

第四，懦弱地讨好。

他（她）的性格过于软弱，有时迫于别人的淫威或者纯粹为了讨好别人，做出一些违背自己原则的决定。这些事情他（她）不想做，但最后的结果总是顺从于别人的思维，放弃了自己的原则。

第五，肯定饥渴。

他（她）特别希望有人给予肯定，由于心理承受能力太差，虚荣心太强，总希望别人对他（她）予以称赞——认同他（她）的想法和做法。这在本质上也是一种依赖，是没有信心的表现。如果别人没给他（她）足够的肯定和称赞，他（她）会感觉到不安，也会有被伤害的脆弱体验；如果受到了别人的否定或批评，他（她）甚至会心灰意冷，一蹶不振。

总的来说，具有依赖型思维的人对他人的意见有很强烈的渴求，希望从旁人那里获得思想支持。但这种渴求往往是盲目的和感性的。依赖他人做决定的惯性一旦养成，你将慢慢失去自我，最终成为一个喜欢两极化思考、失去主见的“情绪化动物”。

李某和高某是同事，两人的关系非常好，既是工作伙伴，也是生活中无话不谈的好朋友。公司有一个项目需要收集一些科学严谨的数据，这个任务交给了李某。老板特别交代，这个项目非常重要，不允许出半点差错。

由于所需要的资料很多，而且时间紧张，李某就找高某来帮忙。两个人的效率就是比一个人高，仅用了一天半的工夫，李某就在高某的帮助下完成了数据收集工作，赶在会议之前交给了老板。李某满心希望获得老板的肯定，但会后得到的却是雷雨般的批评。老板勃然大怒，因为李某统计的数据和客户提供的信息有着天壤之别，完全不是一回事，导致客户那边取消了谈判意向——生意谈黄了，项目也被暂时中止。

从天堂跌到地狱的李某极为郁闷，他觉得自己的工作是没有问题的，数据也都是从公司的资料库里搜索整理的，怎么可能出错呢？李某百思不得其解。

两天以后，老板突然召开会议，着重表扬了高某："小高的工作效率非常高，对项目的贡献很大，如果不是他，这个项目已经黄了。"李某听了很震惊："怎么回事？"他心里很不服气。不久后，他从一位关系比较好的同事那里拿到了高某收集的数据，这下他彻底傻眼了，因为高某此次的数据和上次给他的完全不同，是一个全新的版本。

习惯了依赖的人很可能在实际的工作中吃大亏，这件事给李某上了一课，也让他记住了这个教训。如果他在工作的过程中努力一点，不依赖于他人的帮助，又怎会轻易地掉进他人的陷阱呢？因为依赖，所以信任，但这些也让他犯下了低级错误。过度的信任总会付出代价，只有独立的思考才能真正地保护自己。

在北方某城市举办的一次人才招聘会上，我曾经看到一位花甲老人，奔波于各个企业的展位前，不管什么类型的企业，他都会索取一份应聘表认真地填写。很多人以为他是在为自己找工作，有人唏嘘不已："年龄这么大还要上班？"可用人单位仔细询问以后才知道，老人是替他刚毕业的儿子找工作。他的儿子24岁，刚刚从大学毕业，一天到晚除了吃饭、睡觉、上网玩游戏，什么都不干，连最基本的做饭、叠被子都做不好，每天空谈理想，事事都依赖父母。无奈之下，焦急的老人只好出来帮他求职。

这个年轻人是依赖型人格的放大版，依赖到了极致，所有的事情都希望别人把结果送上门来。他不自信，同时也对依赖上瘾。试问一下，如果你是企业的领导，你会聘用这样的人吗？

王晓任职于北京一家知名的IT公司，任劳任怨工作了十几年，可他的职位仍然是软件工程师，每次升职他都没有份。很多朋友为他打抱不平，觉得这家公司的人事部门对他有意见。但企业内部升职的事宜并非是由人事部门单方面决定的，在升职考核中，很大一部分依赖于同事和上司对其业务能力的评价。

共事多年的同事还有上司对他的评价几乎是一致的：独立性差，依赖性强，经常求助，无法单独地完成工作任务。由此可见，王晓的独立工作能力存在着很大的欠缺，这项能力在团队中也许表现不出太大的差异，但作为部门的主管级人员，缺乏独立工作的能力就会是一个很大的问题。因此，习惯于由同事替自己解决问题的王晓不可能升职。

长期依赖他人的主张去做事的人，通常在工作上缺乏自己的主见，没有主心骨，凡事靠别人拿主意，很难独立承担并完成任务。与此同时，他们容易信任别人，特别是喜欢轻易付出自己的深度信任，认为有一个能力强的同伴为自己解决一切事情是极好的——他们喜欢结交能力优秀的朋友，因为这是绝佳的依赖对象。一旦没有人愿意像照顾孩子一样替他们打理一切，他们就会表现得难以适应竞争的环境。

如何从依赖走向独立

很多人在谈论如何自立的时候，却坦然地接受了父母的援助——这也成了人们生活中的某种惯性。“我要自立！我要自己解决一切！”他们一边喊着，另一边孩子仍由父母带，饭由父母做，衣服由父母洗。重要的是，当他们遇到问题时，仍然需要父母给自己拿主意，甚至要父母出面摆平。自立仿佛成了一个神圣、正确但又无法执行的目标，所有的自立都在被讨论，而不是被有效地执行。

这种假独立现象经常呈现在成人的世界中，尤其是在我国，父母喜欢干涉孩子的生活，成为孩子的大脑，替他们思考和决策事情，有的甚至到了包办一切的程度。那些年满18岁的成人，他们只是在身份上拿到了自立和投票的权利，但在思维上，他们仍然无法独立。

比如高考填报志愿，很多学生最终填写的并非自己感兴趣的专业，而是那些未来可以赚钱或者找到体面工作的专业。这些孩子大多是在父母、其他亲人、老师、好朋友的说服下改变了主意。对于梦想和面包的选择，他们并没有经过深思熟虑，就轻易地在世俗的经验面前举起了白旗。

依赖的惯性让他们未加抵抗就仓促投降。所以，比起生活的自立，思维的独立显得更难，尽管我们不断地强调独立思考的重要性，但仍有许多人摆脱不掉思考依赖与自我决策无力的问题。

你身边肯定有这样的人：他们只是被动地接受信息和知识，很少花时间去思考这些东西是否正确；如果遇到问题，他们第一时间想到的是向书本和网络求助，对于别人给出的答案没有判断力，觉得别人说的都很有道理，但真正运用到实际中，他们自己仍然束手无策。自立是一个美好的梦想，如何自立却可能是永远不会被谈及的禁区。

与之相反，另外一种人却慎重很多：他们从不人云亦云，对于别人抛出的观点，第一时间想到的是“真的，还是假的”，从不会立刻随声附和。他们会通过认真的判断和分析去辨别问题，最后形成自己独到的见解，这就是自立。他们看问题很深刻，通常有自己的想法，具备强大的创新精神，思维具有普遍的、持久的活力。

美国经济学教授尼尔·布朗（Neil Browne）在《学会提问》（*Asking the Right Questions*）一书中说：“作为一个富有思想的人，对自己的所见所闻如何回应，你必须要做出选择。一种方法是不管读到什么，还是听到什么，都一股脑儿地接受，久而久之即习以为常，你就会把别人的观点当成自己的观点，是他人所是，非他人所非。但没人会心甘情愿地沦为他人思想的奴隶。另一种更为积极进取，也更令人钦佩的方法，是提一些客观而有力度的问题，以便判断自己所经历的东西到底有多大价值。”

人人都想成为第二种人。有谁不希望自己是积极进取的卓越思考者呢？人们都渴望自己是能够提出独特问题的卓尔不群的人，这是所有人的梦想。但事实上是第一种人居多，生活中到处都是被动接受信息、听从支配的人。一个人的所见所闻决定了他会想到什么，但如何回应并展开思考才是关键。我们所看到的、听到的未必就是真相，是否具备独立思维，就要从区分真假开始。当你懂得质疑时，就走向了思维的自立。

第一步：要有质疑的能力。

质疑的能力并不需要过多的条件来培养，这是人类的天性。数百万年的进化史中，如果没有质疑的天性并主动走出森林，改造环境，人类或许早就像恐龙一样消亡了。当你面对一个结论的时候，习惯性地想想："这是真的吗？"这就是最基本的质疑。在产生了质疑之锚后，你才会想到去捕捉更多的信息，进一步求证这个观点是否正确。

质疑并不是胡乱地猜测与揣摩，而是一种跳出问题独立思考的能力。在质疑的过程中，你要想到自己所看到的问题并不是孤立存在的，可能与其他问题有着千丝万缕的内在联系，在表面问题的背后可能有另一种力量起决定性作用。

在实际生活中，你肯定遇到过这种问题：在处理一件事情时，我们会发现最后的结果往往并不如当初想的那样简单，甚至会让你有些手足无措，因为事前准备许久的周密计划此时派不上用场了。这其实就是事物背后的隐性联系在发挥作用，也是你做计划时没有想到的。如果接下来你不能发现并分析出这种联系的本质，问题可能永远无法得到真正的解决。

第二步：要有重新判断的能力。

启动质疑之锚后，最重要的一步是做出独立的基于自身分析的判断。这决定了你的质疑是否具有价值。但这需要深入地分析和思考，进入问题的内部，看到原生的信息，而不是经过别人加工的。

分析的过程可以通过回答以下6个问题来完成：

· 我所面临的问题是什么？

· 与这些问题有所牵连的都有哪些方面？

· 哪些点是很明显却被忽视了的？

· 从A到B的推演步骤是什么？

· 切入点是否存在问题？

· 我能得出多少种结论？

第三步：要有自立求真的能力。

上述6个问题会给我们提供一个初步的判断，但很多人在完成判断之后就没有下文了。他们只是做了判断，仅此而已。没错，眼下可能有了一个模糊的答案，但这个答案并不能让我们满意，或片面，或不完全正确。那么，你会接着寻找最接近正确的答案吗？

求真能力的培养，是反惯性思维里面很重要的一课。求真就是寻找。在寻找正确答案的过程中，你会接触到海量和更多元的知识，这些知识能拓宽眼界和思路，令你的思维不再局限于某个方面，而是铺展开来，呈现发散性和多角度性。这会带来两种可能，要么让你眼花缭乱，更加不能判断，取消自立的行动；要么激发你求真的欲望，让你继续后面的工作。

在求真的过程中，权威和经验之谈肯定会跳出来对你加以蛊惑。经验和权威是思维自立的天敌。这时一定要坚持自己的想法，不要轻易缴械，要学会站在常识的反面，辩证地看待问题，最终你可能会产生一个全新的想法。我相信，如果坚持到底，你有80%的概率能走进那个房间——答案就在里面。

远离依赖思维，走向自立，你需要以下几个必要步骤：

第一，快速地破除依赖。

当依赖行为早已成为习惯，就像吃饭、睡觉一样平常时，我们首先要做的就是用最快的速度破除依赖。我们要明确，在工作和生活中，哪些事情是习惯性去依赖的，又有哪些事情是自己做决定的。准备一个笔记本，把每一件事情都写在纸上，每天晚上对这些事情进行总结。今天依赖别人做的事情，明天就要试着自己去解决。你要知道，别人替你做出的决定并不一定是完全正确的。

在头脑中输入这个命令："我一秒钟都不想等了，我要推倒依赖之墙，打开依赖之窗，呼吸外面新鲜的空气。"然后下一秒钟就马上开始行动。

依赖性的惯性思维会把自主意识深深地掩盖起来，所以，首要的就是找回自主意识——当依赖被推倒时，自立的嫩苗就破土而出了。在工作和生活中，你只能把别人的意见当成一种辅助手段，不能随意地附和，不合适的建议就要果断弃之不用，但要把舍弃的理由告诉别人。这样时间久了，你就完全有能力自己做主。这是一个良好的开端。

第二，树立独立做事的信心。

你要做的就是消除从小养成的坏习惯，也就是抹掉未成年时期的不良印痕——所有的事情都不能由自己做主。青少年时期因为心理不成熟，做事缺乏经验，亲朋好友对你的不良评价会严重影响你在成长中的自立心理。比如："你怎么这么笨，你看人家谁谁谁……""躲一边去，你越弄越乱，还是我来弄吧！""你没有经验，这种事应该大人替你决定。"这些话无时无刻不让你的心理思维往依赖的方向进化，直到你完全住进了一个由别人打理的房间。在这个房间中，你不需要思考，不需要行动，任何事情都由那些经验丰富的人帮你完成。等到需要你走出房间时，你会发现自己并不具备相应的能力。

如果现在还有人这样和你讲话，你要果断地打断他，并且告诉他："这些我都可以做好。"记住，态度要坚定。当你第一次走向独立时，坚定的态度可以创造宽松的空间，打消人们的顾虑。

树立自信心以后，就要试着独立做一些事情。比如，一个人旅游，一个人购物，这些简单的计划都可以锻炼你并且重新建立你独立思考的信心。从这时起，不要依赖他人，而要慢慢地让自己摆脱对别人的依赖，把每件事都从依赖中抽离出来。我们的目标是真正意义上的从精神到物质的完全独立。

据说，美国第40届总统里根小时候曾因为违法燃放爆竹被警察罚款，他的父亲在付清罚款后却要求里根以后必须把这笔钱还给他。里根利用闲暇时间打工，最终自力更生，还上了父亲的钱。这是一位严厉的父亲，但他却让里根学会了自立。虽然我们不能去考证事情的真伪，但故事体现的却是正能量，我们也能从中借鉴到好的做法。

有一对夫妻很疼爱自己的孩子，将他当成小皇帝一样照顾，捧在手里怕掉了，含在嘴里又怕化了，什么事情都不让他做，以至于孩子十几岁了还什么都不会，连吃饭也要父母来喂。一旦父母不在身边，这个孩子就大哭大叫——他没有任何独立生存的能力。

有一天，这对夫妻要出远门，可孩子不要说做饭，就连自己吃饭也不会。于是他们想到了一个办法——做了很多面饼，并套在了孩子的脖子上，告诉他饿的时候就咬一口。不久，等这对夫妻远行回到家，他们痛苦地发现孩子已经饿死了。原来，这个孩子只知道吃他面前的饼，吃完后却不知道把饼转过来再吃。

这是一个夸张的故事，但却是如今许多人的真实写照。他们不仅思维不能自立，就连生活也不能。要改变这种情况，就必须下大决心为自己制定一系列目标，并用这些目标刺激自己：

· 我要一辈子都活在大树下吗？

· 我不想成为一个独立的人吗？

· 我不想有自己的生活和自己的思想吗？

· 我不想有更多的私人时间吗？

· 我不想拥有更高质量的人生吗？

如果你的回答是积极的，那么就可以继续下面的步骤，找到适合自己的自立的方法。

第三，要接受和相信自己。

接受自己：接受自己现在的能力基础，不要妄自菲薄，也不要盲目自大。无论什么事情都放手去做，独立地基于客观能力去做。把事情做对了，将是一个惊喜；做错了，也可以从失败中吸取教训，反省与提升自己的能力，下一次你就会思考得更加全面，准备得更加充分。

相信自己：很多人宁愿相信别人也不相信自己，这种现象是普遍存在的，也就意味着他们时刻怀疑自己的能力。当这种怀疑成为习惯乃至常识时，他们不管做什么都会依赖别人，而不是相信自己的判断。相信自己，就要勇敢地验证自己的想法，用行为证明自己的判断是正确的。

第四，要从容地接受现实。

现在很多年轻人都活在虚拟的世界里——互联网是一个逃避现实的绝妙去处。在网络世界，他们不用思考，并对互联网形成依赖。逃避现实的人在心理上是非常空虚的，他们不是不想自立，而是不敢面对现实的残酷。所以，接受现实是你必须经历的步骤，接受现实的好与坏，未来的光明或者灰暗，找回这些真实的体验。面对现实是痛苦的，但这却能让你回到真实世界，改变自己，使自己更强大。

第五，从情感上实现彻底独立。

如果你仍在依赖父母，那么从此刻起下定决心吧！脱离父母的怀抱，不要再用他们的头脑思考，一个人面对世界。亲人的无私帮助和出谋划策会加深你的依赖，削弱你走向思维自立的动力。亲人的关爱有时会让你变得畏首畏尾，不敢去做任何事情，甚至不相信自己的能力。因此，一定要从情感上摆脱依赖，再重塑自己的思维模式。

不要拖延，聚集起思维的动力，去建立自己的模式，拥有自己的思想吧！

第六，爱自己——走向真正的独立。

摆脱依赖，走向自立的最后一个阶段，就是开始爱自己，而不是崇拜权威。每个人都有偶像，也都有权威崇拜情结。但这对你的人生并没有实质的价值，要学会爱自己，相信自己经过努力之后可以比任何人都强，然后从一点一滴做起，持之以恒地对自己进行自立训练。

你是在“造钟”还是在“报时”

“报时”——你问我几点了，我会看下手表，然后直接告诉你一个数字，你再把这个数字告诉别人。

“造钟”——我会告诉你可以买一块手表，将来就能够自己掌握时间，不需要每次都复读别人的答案，这是为未来做打算。

两者之间的区别就在于，我是直接告诉你一个答案，还是告诉你一个解决方法。换句话说，你喜欢从别人那里找答案，还是喜欢拥有自己解决问题的方法？

没有主见的人喜欢循着别人的轨迹做事情，复读和打印别人的思路，畏畏缩缩，生怕出错。他们不想成为错误的制造者，但却使自己变成了思维操纵者的“存储硬盘”——所有的言行举止都是思维操纵者传输给他们的，他们没有自己的思想。

你是不是“缸中之脑”

20世纪80年代初，美国著名哲学家、哈佛大学名誉教授希拉里·怀特哈尔·普特南（Hilary Whitehall Putnam）在《理性，真理与历史》（*Reason, Truth and History*）一书中讲述了一个关于“缸中之脑”的假想：

> “有一个人（可以假设是我们自己）被邪恶科学家施行了手术，他的大脑被邪恶科学家从身体上切了下来，放进一个盛有维持大脑存活营养液的缸中。大脑的神经末梢连接在计算机上，这台计算机按照程序向大脑传送信息，以使他保持一切完全正常的幻觉。对于他来说，似乎人、物体、天空还都存在，自身的运动、身体感觉都可以输入。这个大脑还可以被输入或截取记忆（截取大脑手术的记忆，然后输入他可能经历的各种环境、日常生活）。他甚至可以被输入代码，‘感觉’到他自己正在这里阅读一段有趣而荒唐的文字：有一个人被邪恶科学家施行了手术，他的大脑被邪恶科学家从身体上切了下来，放进一个盛有维持大脑存活营养液的缸中。大脑的神经末梢被连接在一台计算机上，这台计算机按照程序向大脑输送信息，以使他保持一切完全正常的幻觉。”

这是一个令人恐惧的假想。当一个人处于“缸中之脑”的状态时，意味着大脑的每一个想法、每一次脑电波活动都不受自我的控制，而是受外来信号的驱使——信息是信号或者机器给你的，或者是某一个人（操纵者）传过来的。你所有的思考和行为都被某种依赖逻辑限定在了别人写好的程序中，你能做的只有接受，并且对此完全没有怀疑。

让自己成为“造钟”人

处于“缸中之脑”状态的人就是在担当“报时”的角色，但他可能认识不到自己的困境。一个基本的问题是：“当你发现自己仅仅是在‘报时’而不是独立思考时，如何从‘缸’中跳出来，拔掉大脑后面的连接线？”

假如你以前的日子是这么度过的，现在也毫无察觉，不准备做点什么改变现实处境，那么你以后的日子也会这样度过。

我刚工作的时候，上班没几天便遇到了一个棘手的问题。由于缺乏经验，我想不出好的解决方法，就去找我的经理。我把问题向经理描述了一下，然后就问：“经理，您看这件事我应该怎么解决呢？”

经理并没有回答我的问题，他反问我：“你说应该怎么解决？”他面无表情，直接把皮球踢还给我。可想而知，他对新人的态度很差。我厚着脸皮继续问：“经理，这个问题我实在没什么好的方法解决，才来征求您的意见，您看是不是给我一些指点或提示？”经理双眼一闭，头也不抬地说：“你不要讲了，回去好好想一想再来找我，你要换一个思路仔细琢磨，别遇到一丁点麻烦就让上司给你答案。”

对于经理的态度，我又生气又无奈，却不敢发作。没办法，问题终究还是要自己解决。回去以后，我翻阅了大量的资料，参考公司以往同类问题的解决方案，也咨询了一些朋友的建议，终于确定了一个思路。

原以为完成如此艰巨的工作肯定能获得上司的表扬，但经理听完我的汇报后仍然面无表情，他看了一眼厚厚的计划书，又拿起来翻了一遍，眼神就像在看一堆垃圾，经理看完说：“就是这个方案吗？”我点点头。“哦，回去再想一下，肯定还有别的方法，你现在的这个方案还比较肤浅。”

我怒火冲天地离开经理的办公室：“这个家伙一定是在故意针对我！”当时我认为自己在该公司的前景已经完蛋了，生存环境实在太恶劣了。但我回去细细地琢磨后厘清了思路，发现这个问题果然不止一种解决方法，而且有些方法比第一个更好、更全面。经理说得还是有道理的。

为了防止这一次的方案又被否决，我认真地想了另外一个方案作为备用计划。当我把两种方案拿给经理时，他的态度有了180度的大转变。他不仅很认真地听取了我的汇报，读完计划书，还帮我分析了每个方案的优缺点。

“我帮你理了一下思路，但我不会告诉你应该采用哪一个，这需要你自己来衡量。记住，你是在为自己工作，我需要的是你来告诉我怎么解决问题，而不是由我来告诉你答案。”

在这个故事中，经理扮演的角色就是“造钟”的人，而不是“报时”的人，同时他也希望我成为一个“造钟”的人，而不是一个“报时”的复读机。他指引了我解决问题的途径，没有直接给我一个答案让我复述。这件事对我的人生产生了很重要的影响，直到多年以后，我仍然记得这位经理对我的警示：

“任何时候都要有自己的思考！即便是上司告诉你的，也未必就正确，因此你要有自己的分析能力！”

墨守成规是你最大的敌人

有一则关于墨守成规的故事：

从前有一个商人，他奔波于各地，以贩卖商品为生。这天，他在一个市集买了两百千克的食盐，把它们装进麻袋并放在马背上，然后牵着马去另外一个市集销售。

由于食盐太沉，这匹马走得踉踉跄跄，在经过一条河的时候，这匹马跌倒在河水里。食盐经过水的浸泡，慢慢地融化了，食盐越少，马也就越轻松。

一连几次，这个商人贩卖的东西都是食盐，而这匹马每次都在河里面跌倒。因为这匹马知道，跌倒以后会让自己很轻松。

可有一次，商人贩卖的是棉花，同样，在河里面，这匹马再次故意跌倒，棉花迅速地吸足水，越来越沉。于是，这匹马再也没有站起来，加上水流比较急，商人来不及卸掉马背上的棉花，马就被冲走了。

我们嘲笑故事中的笨马，它习惯了前几次的做法，以为这种做法在任何时候都有效，就在头脑中形成了一种潜意识："只要过河时摔倒，就能轻松一些。"当事物发生变化时，它死在了这种惯性认知上。

不少人做事的时候都是笨马的思维。开始之前，他们很少去想这次要怎么做，而是习惯性地按照以前的方法（大众认可的规则）行动。他们并非觉得这样一定会成功，而是因为习惯和经验告诉他们这么做的风险是最小的。

有一位员工在一家公司一干就是十多年，一直没有升职的机会。但是新来的一批实习生中，有人居然仅用了一年的时间就成了他的顶头上司。这位员工非常不服气，于是去找老板讨公道："我有十多年的工作经验，为公司付出了这么多，为什么却比不上一个只有一年工作经验的实习生？"老板反问道："别人是用一年积累了十年的经验，而你用十年时间只积累了一种经验。"

在这个世界上，为什么懂得创新、敢于创新的人那么少？就是因为多数人习惯于遵从惯性，懒得自立，不愿意重新启动一套新的模式。所以他们就像这位员工一样，在惯性的依赖中走向了被淘汰的困境。如果及时打破常规，从安逸的惯性中跳出来，通常能为自己换来一片新的天地，创建一种新的格局。

第二次世界大战期间，德国的一个偏远乡村来了一个乞丐。这是一个风雨交加的夜晚，乞丐走到了一户农家的门口乞讨，因为战争年代沦落为乞丐的人太多，加之食物匮乏，所以很多人家根本不会开门。

这个乞丐的运气不错，有一位女士前来开门，但她并没有打算施舍点什么，只是客气地请乞丐去别的人家看看，不要来打扰她。

"对不起夫人，我实在是太冷了，我只要在你家门口避避风雨就好了，附近没有避雨的地方。"乞丐的样子很可怜。

"好吧，不要乱碰我的东西。"这位女士说完就要关门。

"对不起夫人，能否借我一口小锅和一些柴火，让我煮点汤喝？"乞丐说。

“可是你并没有食物，你怎么煮汤？”女主人好奇地问。

“夫人，请您发发善心吧！”

女主人答应了，回去取了一口锅交给了乞丐。

只见乞丐用石头把锅支起来，从口袋里面掏出几片青菜叶，在旁边的水坑里弄了些水，将柴火点燃，就这样煮起汤来。

“这就是你要煮的汤吗？”女主人难以置信。

“是的，夫人，我什么都没有，只能这样填饱肚子了。”乞丐冻得瑟瑟发抖。

“最起码，你要放些盐吧。”说完，女主人回屋拿了一些盐。

给了盐以后，女主人觉得乞丐只有锅里那几片青菜叶实在太可怜了，于是又给了乞丐一些青菜。但一些青菜叶怎能果腹呢？女主人又给了乞丐一块面包，最后甚至把剩下的晚餐都给了乞丐。就这样，聪明的乞丐在这里吃了一顿饱餐。

如果按照传统的讨饭方式，敲开房门后就讨要面包，乞丐估计一点儿饭食也讨不到。但他却打破了人们对乞丐的传统认识，也突破了过去的“讨饭规则”。他开始先博得女主人的同情心，继而提出要一口锅做汤。这对一个家庭来说并不是过分的要求——食物虽不充足，但做饭的锅还是有的。正是做汤这一行为锚点，引起了女主人的兴趣。她认为一个乞丐是做不出什么汤的，就想一探究竟，这正好顺应了乞丐的思维。最后，突破常规思维的乞丐吃到了一顿美餐。

会说“不”，才能更独立

在工作和生活当中，合理地拒绝别人也是一项必须学会的技能，生硬地拒绝别人可能会伤害或者得罪他（她）。但如果不及时拒绝，就会给我们带来无穷无尽的麻烦。拒绝既能保护我们的时间、精力和利益，也是思维自立的一种最基本的表现，说明我们并不依赖和屈从于别人。

在北京打拼多年的刘先生省吃俭用，终于在东四环买了一套80平方米的房子。房子并不宽敞，一家三口再加上一条哈士奇，住起来勉强够用。买上房子本该是幸福生活的开始，但搬进新居后不久刘先生的麻烦事开始了。

起初只是老家的父母偶尔过来小住几日——这在夫妻二人的计划之内，后来，刘先生的一位表哥听说他在北京买了房子，就想在带家人来北京旅游的时候到他家暂住几日。刘先生是一个热情的人，不好意思拒绝，事先没有和妻子商量就同意了。

对于这件事，妻子表示强烈反对，她觉得这种事情应该从一开始就坚决地拒绝，一旦开了口子，自己正常的家庭生活就会被打乱。因为这件事传开以后，未来到北京办事、旅游的亲朋好友，就会以各种理由住到家里来。这就是一种破窗效应。妻子建议让他们住到宾馆去，甚至提出可以资助一部分房费，但刘先生碍于面子，不好收回自己的承诺。结果表哥一家来京后，一住就是20天。由于家中只有两室一厅，刘先生不得不把属于孩子的那间卧室让出来给表哥一家人住，妻子和孩子睡在主卧室，他则和哈士奇一块睡了20天的沙发。

正像妻子担心的那样，表哥一家走后他们的生活并没有恢复平静。仅过了两个月，刘先生的一位堂兄要来北京出差，也希望在他家暂住几天。堂兄一边提出要求，一边抱怨单位不给报销差旅费用。大家都不容易，刘先生又心软了，他同意了堂兄的请求："过来吧，反正就两三天，别去酒店花冤枉钱了。"

堂兄在刘先生家住了四天，因为不断去应酬客户，每天都到半夜才回来，他又没有钥匙，到家门口就只能大声地敲门，几位邻居都被敲门声吵醒过，刘先生只能无奈地向邻居赔礼道歉。

就这样，堂兄走了以后，刘先生家每隔一段时间就会来客人。既然前面的几位没有拒绝，现在他就更不好意思把亲朋好友拒之门外了。妻子不堪其扰，家庭矛盾日益激烈。后来她向刘先生提出了离婚，因为丈夫这种老好人的做派令她再也无法容忍。她觉得丈夫没有主见，也没有立场，别人不管说什么他都答应，已经严重影响到了家庭的和谐。

我发现很多人都是这样的，因为不想破坏人际关系，不希望在别人眼中留下坏印象，因此从不对别人的请求说"不"，也不敢对别人说"不"——他们害怕别人对自己有不好的看法。于是，干脆当一个老好人，步步退让，没有底线。自己受委屈不说，关键是这样的人际关系并不能长远，也不能为自己带来好的名声。

如果你不懂得拒绝他人的不合理要求，当你勉强接受的时候，就已经把自己放在了双方关系的不平等位置上，等于屈从于对方的思维。你的妥协没有为自己带来好处，同时也未必获得了对方的尊重。

小秦初到公司的时候也跟前面的刘先生一样，在人际关系方面特别谨慎，十分在意别人对他的看法。同事求他帮忙，他都会痛快地答应，但这种热心肠后来就成了应该的——他做多少超出自己职责的工作在同事眼中都是应该的，开始时他还能得到口头的感谢，后来连感谢的眼神也没了。

有一次在快下班的时候，刚从外面办事回来的小秦发现自己的办公桌上放了厚厚的一叠资料，旁边放了一张“拜托纸条”：“我晚上有重要约会，脱不开身，知道你有时间，这些资料就交给你了，明天会议要用。”小秦简直要哭死在办公室，因为他晚上还要整理自己这几天的客户资料，并有不少报表等着去做，再加上同事拜托的工作，他忙到明天早上也未必能够做完。

于是，他急忙给这位溜之大吉的同事打电话，想要拒绝这次帮忙，没想到同事的手机一直处于忙碌状态。小秦打了足有半小时，一直打不通。最后，他只好硬着头皮接下了这些额外的工作，熬了一个通宵，一直加班到次日清晨五点钟。

第二天上午开会的时候，小秦加班加点为同事做的资料得到了领导的极力称赞。没想到的是，那位同事欣然接受了领导的夸奖，却只字未提小秦的功劳。他本来以为同事至少会提一下自己的名字，在领导那里给自己加一点分。这件事给小秦上了残酷的一课，事后他没有去找那位同事理论，而是直接把那个人拉进了黑名单，从此不再答应任何同事“不合理的拜托”了。

当你觉得不好意思开口拒绝的时候，不妨从另一个角度思考一下：别人向你提出一些过分的要求时，他是否会不好意思？既然对方都好意思开口，你又有什么不好意思拒绝的呢？所以，不要总是处处为他人着想，遇事要有自己的底线。

如何委婉拒绝

中国人的处世之道中一直有一个理念：不要轻易地得罪别人。即使必须得罪对方，也要给别人留面子。正是这种强大的观念，导致人们在处理一些事情的时候格外小心翼翼。人们都明白，有些话直接说出来虽然更加便于理解，但是也容易伤到别人的自尊。人们觉得，如果不能学会委婉地表达，一不小心就会伤害了对方的面子，为将来的相处埋下隐患。

有些拒绝是不能犹豫的，但如何做到委婉拒绝呢？

丽丽是一名天生丽质、性格又很温柔的女孩，颇得办公室男士们的青睐。小李便是众多仰慕者之一。在一次午休时间，小李趁着办公室没人，将自己精心挑选的礼物放到了丽丽的面前，希望她能明白自己的心意。丽丽对此当然很明白，小李喜欢自己，可她对小李却没有什么感觉，只是将他当作一般的同事而已。但是，小李带着礼物和满心的期待站在自己面前，炽热的眼神正凝望着自己，如果直接生硬地拒绝的话，一定会让他无比难堪。

略作思考后，丽丽笑了笑，调侃地说："你还真会挑东西，我男朋友也给我送过一个同样的礼物。既然我都有一个了，你的心意我就不能接受了，还是把这个漂亮的礼物送给你女朋友吧，她一定很高兴。"

丽丽的拒绝方式，一来暗示小李自己并不会喜欢他；二来委婉地拒绝了他的礼物，断掉了他未来的念想，并且两个人都不会太过尴尬。反之，如果丽丽直接给小李当头一盆冷水，对他说“我不喜欢你，也不接受你的礼物”，势必会让小李非常尴尬，没有台阶可下。毕竟对于男人来说，在这一刻，面子可能比爱情更重要。如果丽丽没有用恰当的方式表明态度，处理好这件事，将来他们的同事关系很可能会恶化，他们就很难平和相处了。

拒绝出于“善良”的帮忙

办公室里总有一些动机不良的人，属于他们分内的工作不愿意自己做，反而找各种借口求助于那些看上去比较善良的同事，利用别人的善良为自己谋取私利。他们开口向你求助的时候，也总会装得楚楚可怜，让你不忍拒绝。

“我今天身体不舒服，你可不可以帮帮我？”

“我今天有个约会，没时间加班，这次你帮我，下次我帮你啊。”

“这个工作我怎么做都做不好，你帮我看看应该怎么办？只要能交差，我就请你吃饭！”

如果你不幸是那只天真而又善良的小绵羊，那么你将会有无穷无尽的工作要做。自己的工作一大堆，还要做别人临时扔过来的事情。可想而知，你将会陷入周而复始的加班中。问题是，你做得好，功劳不归你；你做得不好，出了问题，他们会毫不犹豫地赖到你身上，因为你是最佳的替罪羊。

也许你也偶尔想过拒绝一两次，但通常不会成功。办公室里总有一些老狐狸早已经视你为软柿子，他们会想尽各种办法让你接受。他们是强大的思维操纵者，会极尽溢美之词地夸赞你乐于助人、人好、善良等，并向你保证以后定会报答，让你根本不好意思拒绝。

接着将发生什么？他们会一而再、再而三地厚着脸皮让你帮忙。当你试图拒绝失败后，很难再有开口的勇气。不要以为别人真的认为你是善良的，他们内心得意，因为能够轻松地操纵你，而你成了标准的“缸中之脑”。

除非你从一开始就拒绝，不然很难推开诸多伸过来的求援之手。你帮了这个人，却拒绝了另一个人，那么其他人对你就有意见——此时你已经养成了乐于助人的习惯，别人把你的帮助看作是应该的，这种诡异的付出演化成了一种不容抵抗的惯性，就像高速行驶的列车。所以，不要害怕影响同事关系，要视对方为不怀好意的操纵者，不要因为依赖而信任，第一时间开口拒绝。拒绝得越早，未来的关系就越容易相处。

有位刚进入某公司上班的女孩曾经在网上发帖求助。她说，公司的一些老员工总以各种理由让她帮忙处理工作，她的脸皮薄，怕得罪人，影响同事关系，结果自己每天都在加班，现在想摆脱困境，却又不知该如何开口拒绝。

帖子发出后，有些经验丰富的人告诉她：“在对方第一次提出这种要求的时候，就要拉下脸来拒绝。千万不要不好意思，否则以后你会陷入无穷无尽的麻烦。如果实在不好意思开口，就在自己的办公桌旁挂上一个‘免打扰’的标志牌，当别人向你求助的时候，直接把牌子指给对方看。”

记住：软弱=好欺负

缺乏思维自立的一个后果是，它会给你带来软弱的性格。忠厚老实和性格温和的人通常比较弱势，什么事情都愿意忍一忍。当同事把工作扔给他们时，他们也不敢反抗。他们的想法是，这不是什么大不了的事，也就是加班而已。为了维持良好的同事关系，为了自己的前途，忍忍就过去了。

但是，善意的忍耐会纵容别人变本加厉地支配你——操纵者的勇气得到了鼓励，他们把更烦琐的工作推给你，但在好的工作机会面前却从来不会记得你的名字。你被一堆无关紧要的工作占据了精力，于是只能待在食物链的最底层，永远得不到真正的锻炼机会。你是他们思维的奴隶。

在北京CBD（中央商务区）上班的小吕是一个性格非常内向的女孩，长得文文弱弱，说话也特别小声，平时喜欢安静，与人打交道也和和气气的，一切都好商量。她是个没什么主见的人，很少强硬地向同事表明立场。因此，公司的老员工总是欺负她，支配她做了很多不属于她本职工作的事情。

小吕入职一年多来，每日的工作几乎都围绕在买午餐、冲咖啡、打扫卫生、复印文件、收发快递上，但她的本职工作是做文件的翻译。实际上，她在上班时间干的全是行政后勤人员的任务，分内的工作只能靠加班来完成。

有好心的同事劝小吕不要太软弱了，该拒绝的时候要大声说出来，如果不敢表明立场，将来苦头有得吃。但小吕不敢拒绝，她害怕以后这些同事会给自己穿小鞋，影响她在公司的发展。

小吕的担忧固然可以理解，但这种没有底线的忍耐未免太过懦弱了，甚至让人觉得不值得同情。在人们眼中，软弱就等于好欺负，同事之间的关系在本质上也属于思维的博弈——都希望对方听从自己的支配。一次两次的帮忙是正常的求助，帮一下无伤大雅，但小吕明显已经变成了办公室里的勤杂工。

· 她干了很多分外之事，但并未换来尊重。

· 人们不停地使唤她，而她逆来顺受。

· 她超额承担了300%的工作，却领着微薄的薪水，上司看不到她的贡献，或者说并不认同她的做法。

如果一直不反抗，小吕将很快被淘汰出局。换句话说，她在该公司是没有前途可言的。

正确的做法是，立刻“站起来”，停止这些无用的帮忙，并画出一条红线。如果再有人提出这种无理要求，必须不卑不亢地拒绝，声明自己的立场。只要理直气壮地表达出了自己的意见，别人就会开始敬畏，未来再想支配你的时候，他们会慎重地考虑一下后果。

做不到的，不要硬着头皮上

还有一些人在竞争中迫于无奈，不好意思拒绝他人，比如领导。工作中，有些人不敢不服从老板的意见，怕丢了饭碗，于是在接到一些自己无法完成的任务时，为了讨好老板，也硬着头皮去做。结果是出力不讨好，赔了夫人又折兵。

有一次，老板派李明去跟客户接洽项目尾款的事宜，可李明一直有交际障碍，在应酬这方面并不擅长——对一个不善喝酒的人来说，这项工作难度极高。但是李明不敢跟老板提出换人的请求，他担心老板认为自己能力不行，影响在公司的前途。最终他咬咬牙，接下了这个任务。

在酒桌上，客户一直不提尾款的结算问题，而是一个劲地劝李明喝酒。李明是一个滴酒不沾的人，只要喝一口就全身过敏。他坚持自己的原则，拒不让步，这让客户极为生气，找到了发作的借口，当场拍桌子离开了。他悻悻而归，老板大怒："没有这个本事，为什么要接这个工作？"

这件事告诉我们，做不到的事情就要拒绝，不然得不偿失。为了逃避开始的拒绝，就要承担最后的痛苦。就像李明一样，对自己不擅长应酬的情况心知肚明，却因为不敢拒绝老板而勉强答应下来，结果工作没做好，得罪了客户，也在老板心中留下了负面印象。

他完全可以采用一种迂回的方式告诉老板"我不能胜任"，然后请求公司安排更合适的人去——出发点要为公司的利益着想。调整思维的模式，就能改变尴尬的局面。比如，他可以先表现出积极参与的态度，主动询问老板一些任务的细节。

· 我去了应该怎么说？

· 我是公事公办，直接催款，还是要采取其他策略？

· 假如客户让我喝酒怎么办？

说到这里，他就可以坦诚地说明自己的实际情况——"我不能喝酒，酒精过敏"或者"我一喝酒就容易说错话，这对完成任务很不利"。这时，不用你拒绝，老板也知道你不是最佳人选，自然就不会再派你去执行此类的任务了。

在传统思维中，人们普遍认为帮助别人是一件很快乐的事，乐于助人可以让自己变得更有力量，也能赢得更多人的友谊和尊重。这是理想情况，是我们坐在书房、教室里幻想出来的世界。事实证明，助人与拒绝之间存在着一条清晰的边界，我们必须在两者间理性衡量，做出适度的选择。某些时刻，拒绝才是最有力量的发声。敢于拒绝，能够证明自己是一个有主见、有底线、不容侵犯的人，把那些思维操纵者挡在足够远的地方，让他们在心底对你保持一定的畏惧。

这种畏惧会转化为尊重，它能保护我们不被别人的意志侵蚀头脑，影响决策。成为这样的人，才能让别人尊敬我们。在这个基础上，我们才能谈思维自立的事情，并对未来进行高质量的思考。

· 思维自立可以直接提升我们的人际交往能力——只有在人格平等的基础上建立的沟通和关系，才具有长久的可维系性。

· 说“不”不是目的，而是走向思维自立的途径——需要指出的是，说出“不”字的那一刻不是结束，而是一个开始。你要给对方以心理补偿，比如提一些建议、多一些关心等，展示自己坚定但成熟的心态。

· 不要畏惧拒绝带来的伤害，重点是你表达出你的意图——没有任何人可以回避拒绝的伤害，但我们可以通过委婉的表达将明确的意图传达给对方，并促使人们接受。接受并尊重，新思维开启新的关系。

· 学会独立思考是一个漫长的过程，正如拒绝不能一蹴而就——辩证地思考这个世界，保持距离地审视每一个人，同时把握拒绝的分寸。思维的成熟是一个漫长的过程，我们要有耐心地使自己“站立”起来，掌握独立思考的技巧，摆脱依赖。

第三章

创新思维，发现人生的更多可能

用反向思考发现机遇

看待任何事物，我们都会发现有不同的角度。角度不同，看到的问题就不一样。我的一位朋友在参加完一次对GE公司高管的访问后对我说："掌管通用的伊梅尔特最了不起的地方在于，他可以随时变换自己的思考角度，即便是最简短的一次谈话，他也能兼顾到一个问题的各种可能性。总之，伊梅尔特可以看到藏在角落里的'灰尘问题'，并从中找到切入的契机，从而把人们引入一个意想不到的世界。"

这就是反向思考——对司空见惯的、好像已有定论的观点、机构、产品等一切事物进行逆向分析，反其道而行之，发现硬币的另一面，找到解决问题的方法。反向思考的核心是自主选择，而不是跟随大众常识。

常识一定正确吗

已经过世的保罗·纽曼是一名好莱坞明星，他既获得过金球奖、艾美奖中的最佳男演员奖，也得到了奥斯卡终身成就奖。但他最出名的事情却不是演电影，而是制作沙拉酱。纽曼因为坚持到任何场合都只使用由自己制作的沙拉酱而在纽约的餐饮界声名狼藉，甚至有餐馆的老板借用这件事炒作，宣称纽曼是他们永远不会欢迎的客人。就在这样的“大事不妙”的环境中，纽曼的选择不是“改正错误，洗心革面”，改掉这个奇怪的习惯，而是突发奇想——他要把自己的沙拉酱送上工业流水线，装瓶销售。

消息一出，媒体一片哗然，食品界的专业人士也站出来进行规劝：“先生，你最好不要这么干，因为结果会很惨。”专家们的告诫当然有其依据，当时市场上流行的各种名人产品到处都是，摆在货架上无人问津，是典型的给消费者带来负面观感的食品。在普通人看来，这就是一个火坑，谁跳进来都会被烧死。因此，人们的常规反应是撤退，而不是跟进。

纽曼的回应是冷笑。他和自己的老朋友哈奇纳准备了4万美元的启动资金，随后就开始了打造“纽曼私传”这个沙拉酱品牌的工作。出人意料的是，没过多久，它就成了美国的主要食品品牌，年销售额如今已高达1亿美元。

为什么纽曼可以成功？他说：“我们从一开始就和传统对着干。当专家们认为某一件事应该这么做时，我们就跟他们唱反调。”他的思维总是不合常规，喜欢反向思考。这让他拥有一种独特的判断力，他不仅因此成了影坛常青树，还在生意场上战胜了大众的常识和专家们的传统见解，建立了真正属于自己的商业模式。

“常识一定是正确的吗？”当我在一次调查中提出这个问题时，很多人迅速填写了答案卡并举过头顶。现场绝大多数的支持者（86%）认为，能够称为“常识”的知识，必然经过了无数次的实践论证，具备了被广泛认可的正确性，根据常识来思考问题和看待事物，就不会出现偏差。但是很可惜，越是不容置疑的常识，有时候就越可能错得离谱。

人们从接受教育开始，小学，中学，大学，再到硕士和博士，很多人拿到了几乎全部的学历证书，学习到了渊博的知识，当上了管理者，或者开始创业，拥有了自己的公司。这时他觉得自己拥有的技能和判断力已足够应付绝大部分问题了。这听起来是对的，但你有没有想过：

· 你获取的知识和常识依据有多少是模棱两可或被加工过的？

· 你的思维有没有跟随众人进入一种被设计好的模式？

· 你的判断力有没有受到专家和人云亦云的大众舆论的影响？

如果你倚仗这些众所周知的“常识”看待事物，分析问题，就习惯性地进入了一个逻辑陷阱。在这个陷阱中，你会想当然地认为大家知道并且都认同的一定是对的，不再试图站在相反的角度观察和分析，也不再反向推理和查找问题的另一面，甚至忘记了问一句“为什么”。

常识并不一定是正确的。这是你要记住的第一个应变思维分析法。能够辨别并且灵活地运用常识，突破常规的限制，你才有可能发现真正的问题；谁能反常识地思考，谁就能更快地发现不被人知的机遇。

用反向思考发现机遇

江崎是日本著名的半导体专家，也是诺贝尔奖的获得者。20世纪50年代，世界各国都在研究一种用来制造晶体管的原料——锗。这其中的关键技术是如何将锗提炼到非常纯的程度。人们认为，锗的纯度越高，晶体管的性能也应该越好。但提炼技术的进步是很慢的，无数科学家为此耗费半生，也难有突破性的进展。江崎在长期的试验中也发现，提炼出纯的锗几乎是不可能的，因为无论怎样仔细地操作，总是免不了混入一些杂质，最后对晶体管的性能产生严重的影响。

试验似乎陷入绝境，但江崎突然想：“如果我采用相反的操作过程，故意添加少量的杂质，降低锗的纯度，结果会怎样呢？”他马上大胆尝试。当锗的纯度降低到原来的一半时，江崎狂喜地发现，一种性能优良的半导体材料诞生了。

走出实验室，你会看到现实中的许多商机也是通过这种反向思考的方式发现的。我曾经很多次听尼尔斯在培训中讲过“凤尾裙”和“无跟袜”的案例——商人的成功有时就诞生于一个不经意的错误，当错误发生时，他们不是沿着常识去弥补错误，而是运用反向思维挽救了自己，顺便扩大了生意，带来可观的经济效益。比如，制造袜子的商家经常不小心弄破袜跟。袜跟破掉的袜子在人们的常识中失去了应有的价值，商家索性把袜跟去掉，略做加工，反而开发出了无跟袜，成功地创造了商机。

对传统习惯和常识思维保持警惕：很多常识虽然广受认可，但并不意味着它就一定是正确的。越是人们都在让你遵守的规则，你越要保持警惕，因为它可能会让你“泯然众人”。

反向思考催生反常识的行为模式：反向思考引发理性思考，在看似正常的现象中寻找非同寻常的变化，关键在于你如何看待一枚硬币的正反面和明白自己到底需要什么。任何时候都要保持一种开放性的思维，不要被装进思维的笼子，要让自己能够在任意时刻都能够解析事物和分析问题。

忽略经验，才能破局而出

布莱克在美国经营着一家中型的电子设备制造公司。由于这几年生产成本的不断提高，公司刚推出的一款电子产品价格也居高不下，一直徘徊在2000美元左右，而同期上市的其他企业的同类产品，价格已经纷纷降至1500～1600美元，这令布莱克公司的产品销量变得越来越差，大有被挤出市场的危险。公司的营销部门使用了各种手段向市场解释他们的产品价格这么高是有道理的，但仍然收效甚微。

“消费者根本不关心你的成本有多高，他们只要质优价廉。如果我们再不想办法降低成本，那么，我们的公司将很快倒闭，人们不会同情一个不肯降价的销售商，他们只会无情地埋葬你。”布莱克在一次内部的产品会议上愤怒地说，“我要求把成本降到300美元！”

话一出口，整个会议室内一片唏嘘。大家纷纷表示“这不可能”“根本办不到”，成本这么低，意味着材料和人工费用都要大幅度削减，不用等到被市场抛弃，公司自己就会先垮掉了。于是，这次会议变成了一次吵架大会，最后谁也没有拿出降低成本的方案。

再后来，公司的生产管理部门来了一位新员工。工作没几天，他收到上司的指令后，只花了两个小时便递交了自己的降低成本方案。

这位新员工不声不响就拿出一份方案，并立刻得到了大家的一致通过。为什么一群人吵了十几天的难题，他两个小时就解决了？

首先，我们看看产品原来的成本构成：

· 模具占35%；

· 电池和电路系统占10%；

· 材料占30%；

· 配件占25%；

· 集成模块占10%。

在这个方案中，这位员工直接把模具的35%和电池、电路系统的10%的成本全部取消了，改用成型管材来替代。由于这两个模块的减少，其他零部件也相继被削减，引发连锁反应，材料的选择变得多样化，产品的构成大幅度变化。整个制造成本算下来，竟然降低了接近70%。最后，这款产品的制造成本只需要280美元。

当布莱克看到这份方案时，脸上的笑容就像看到了公司未来的光明前景。没多久，这名新员工就凭借出色的工作能力连跳三级，成为公司产品设计部门的骨干。他的成功之道，不是敢于表现自己的勇气，而是他独特的思考视角。在成本控制的讨论会议中，别人都在原定的框架中打转，一门心思地思考如何降低原有配件的成本，但他却想：为何要保留这些配件？为何不能换一种材料来代替？这种思考方式是谁也没想到的，因此他的方案大获成功。

巴尔扎克说："一切事物日趋完善，都是来自适当的改革。"如果不突破思维的局限，进行创新性改变，不管在新生时多么了不起的事物，也总会被更好的东西淘汰。

守旧的习惯让你不喜欢思考

创新不能流于表面，如果仅仅停留在口头上，就永远做不到创新。现在有很多人，他们每天高喊着“要创新”“要突破”，但在具体的执行中，创新根本不被他们重视。他们在工作和生活中把“创新”二字写在墙上，挂在床头，或者填进口袋，却从来没有真正想去实现。他们所依赖的始终是过去的经验，遵循的一直是守旧的习惯。

华兹华斯说：“习惯支配着那些不善于思考的人们。”比起创新，他们更擅长运用成型的经验模仿和抄袭，对于新生事物总会第一时间跳出来否定——尽管他们的内心并不认为自己这么做是对的。人们在自我怀疑中坚守经验，在无法确定的纠结中拒绝创新。

布莱克在长期的管理经验中发现，在一个团队中，总是存在着三种思维类型的人，他将其形容为狮子型、树懒型和兔子型。

· 狮子型：有想法，喜欢创新，思维活跃。

· 树懒型：慵懒的保守派，反对一切大胆的想法，总喜欢在第一时间否定狮子型成员。“不行”“不可能”“没必要”“简直荒唐”“有这个必要吗”等是他们的口头禅。

· 兔子型：中间派，对一切想法通常持保留意见，若支持狮子型成员，则创新有可能实现；若支持树懒型成员，那么很多创意就会被他们扼杀。

布莱克说：“我们必须坚决地把树懒型的人从创新团队中踢出去，这种类型的成员留在队伍里是巨大的阻碍。等到创新的想法被做成方案，这时可以再把他们请出来，他们喜欢对任何一种事物进行挑剔和否定式的审判，为了确保新方案的万无一失，我们这时刚好需要他们的反对意见。”

很多人在对待一些尖锐的策略问题时，并不如布莱克这样灵活，他们通常采取消极应对的方式，要么领导者实行独断权，一句话决定非要这么干，谁拦着都不行；要么就是干脆放弃这些想法，省得为了让人烦恼的辩论绞尽脑汁。

突破经验思考的惯性

在做实习生期间，我有幸接触到了各行各业的人，在谈及创新的思考时，所有的人（守旧者）无一例外地会问我同一个问题：“你做过我们这个行业吗？”言外之意是“你没做过这个行业，就不要说三道四”。不得不说，从一定程度上，这是对外人专业的质疑和不信任，但在本质上，却是对过往经验的依赖，同时也是一种盲目的自信。

我在交流的时候通常会注意观察他们的脸色。如果我的回答是肯定的，他们的脸上立刻会表现出极大的宽慰，似乎找到了行内的知音；但如果我摇摇头，我就会看到有一丝刻意隐藏的失望浮现在他们的眉宇间，因为我不是他们的人。也有的人在听到否定的答案时，会立刻表达质疑：“您没做过我们这一行啊？”这句话的潜台词是：“那么我凭什么相信你，而不是相信自己公司的前辈？”

这便是经验思维的惯性表现：如果要我相信你，你必须用过去的经验证明给我看，否则我就不相信你。

生活中很多人都是如此，宁愿相信那些各式各样的过来人，因为他们觉得——做过了就有经验，有经验就会做得好。这种经验思维通常在女性购买化妆品的过程中表现得淋漓尽致。根据调查，绝大多数女性在购买化妆品的时候都会问柜员一个问题："这个产品你用过吗？"如果对方回答："我当然用过啊！而且一直在用。"购买者通过对其皮肤状况的观察，会迅速得出一条结论：她用过，而且她的皮肤那么好，这个产品一定很好；反之，如果购买者得到的答案是没有用过，即使对方再卖力地推荐，购买者也很难下定决心为这款产品付钱。

对方有没有用过这个产品，真的能为我们提供有力的判断依据吗？答案当然是否定的。化妆品的使用效果因人而异，不是说你用得好，我用了也一定有好的效果，毕竟每个人的皮肤状况是有差异的。他人的使用经验只能提供一定的参考，并不能被当作决定性的依据来帮助自己判断。

那么，经验到底重不重要？要回答这个问题，我们首先要明白经验到底是什么。

从出生到长大，人会经历、听说和见闻很多事情，这个过程中你的大脑会建立一个经验库。在经验库里有很多经验，有些是你自己经历的，这只是很小的一部分，被称作直接经验；还有很大的一部分是你听来的，或看着别人经历而得出的结论，这些被称作间接经验。有了这个经验库，我们在处理事情的时候可以不费吹灰之力从中拿出一些可用的备选方案，迅速地做出判断和决策。经过反复练习，有些反应变成了本能，不再进行思考便可以直接采取行动。就像吃苹果一样，你第一次吃苹果，见到别人用水果刀削了皮，之后你就学会了削皮吃苹果，这时不需要你自己再去研究面前的苹果究竟该怎么吃。时间久了以后，你看见任何苹果都会想着削皮，哪怕未来的苹果经过改进，苹果皮又干净又富有营养，你可能也会倾向于把它削掉。再比如，医生为病人做手术时，医院不可能让一个从来没有一线临床经验的新人来做主刀，有经验的老医生格外受欢迎。即便某个新人的实际动手能力非常强，比院内的老医生更有把握救活病人，他们对某台手术的成功率的对比是90%对80%，医院的第一选择仍然是数据较低的老医生。

当你认真地思考这个问题时就能发现，在很多领域，经验并不那么有效。因为环境改变后，经验可能不再适用；随着时间的推移，经验甚至成为一种劣势。试想一下，一个在训练场上身经百战的士兵一定会成为战斗英雄吗？未必，因为战场可以模拟，但不能复制。训练经验和实战经验并不能等同。还有些领域和工作，富有经验的人反而是不适合的，比如艺术创造，它最需要的是人的天马行空的想象力。一个有30年经验的老画家，很可能会输给一个只有两年画龄的新人。相对于前辈，这位新人的艺术创造力可能更强。

因此，如果你盲目地相信一家公司或一个人的经验保证："我们成功为上百家世界500强企业做过企划，你的公司当然不在话下""我们把一家几百万的小公司做到几个亿的大公司，你的企业同样能做成功"，或者"相同的工作我已经做了成百上千次，这次同样不例外，我一定会做得更成功"。这种对经验的炫耀听起来多么令人信服，但如果你真信了，可能会吃大亏。

这种表述在逻辑上存在着明显的问题。经验的作用是让你少走弯路，但绝对不会给你修建一条新路。过分依赖经验，往往会走进死胡同。所以一个人若想实现自身突破性的成长与发展，就要放弃经验主义，要真正地运用创新思维的力量，冲破惯性的束缚，这样才会有更好的出路。

20世纪30年代的大萧条几乎使所有的公司都破产了，IBM（国际商业机器公司）也不例外，它的股票一度出现了灾难性的暴跌。这时，其他公司都在通过大量裁员来维持更低成本的运转，这是由历史经验决定的。但作为创始人的托马斯·沃森却在做一件恰好相反的事。他坚信，要渡过这场危机，最好的办法不是缩减生产，而是扩大生产，所以他开始大量地雇佣新的职员。

在当时的情况下，托马斯·沃森的行为几近疯狂，没有人明白他到底想做什么，甚至有人觉得他是个傻瓜。但沃森并不想理会别人的看法，他的想法在5年后有了成效——IBM的生产能力足以承担美国联邦社会保障厅的大规模订货，而那些在大萧条中不断缩减甚至停产的企业，已经被自主地淘汰出局。托马斯·沃森的创新性智慧令IBM的规模扩大了两倍，从此走在了计算机行业的前列。

经验丰富一定是好事吗

在思维领域，经验既是宝贵的财富，同时也是一种可怕的武器。你运用了越多的经验，就越可能被误导。作为一种武器，经验既可以杀死问题，也可以伤到自己。正如歌德所说："不了解的东西总是可以了解的，否则他就不会再去思考。"就像前面我们讲到的例子，一个人先后看到过100只白天鹅，他因此得出结论，天鹅是白色的；但当他看到一只黑天鹅的时候，他会重新修正以往的经验——原来天鹅也有黑色的，并不是所有的天鹅都是白色的。

我的一位同事曾与我探讨子女教育的问题。他认为，父母教给孩子的经验越少越好。因为父母的经验会影响孩子的思维，会把自己一些不正确的想法和做法教给孩子，并形成孩子的思维惯性。如果执意这么做，将是极大的错误。很多时候父母可能不会意识到，正是这些看似正确的经验导致了自己人生的平庸，假如将这些经验再传授给孩子，结果可想而知，孩子因循这些经验，将和父母一样在同类的问题上重复犯错。

我有一位在银行做高管的朋友曾经讲述了这样一个故事：他们的银行新招了一批实习生，其中有一位专业能力很强，工作表现也很好，他可能是这些实习生中最有希望留下来的一个，但是一件小事情的发生，却让朋友对他的好印象完全破灭。

有一次接待客人，朋友让这个实习生去临时负责一下。他言行举止十分得体，一切本来都很顺利，客户也很高兴，但这个实习生把客户送走之后，忽然把桌子上放着的两包烟揣进了自己兜里。这一幕刚好被朋友看到，朋友觉得这个人如此贪图小便宜，对银行工作来说，是万万不可使用的。

朋友立刻将这个人叫到办公室。实习生一脸悔意地解释说，他自己并不抽烟，只是他家境贫寒，自己的父亲从没抽过这么好的烟，他想拿回去孝敬自己的父亲。因为小时候，自己的父亲就经常从亲戚朋友家拿一些糖果给自己，他觉得这种爱是很伟大的，这种思维也很正常。

这名实习生的思维就受到了父亲很大的影响，他在工作中表现出来的其实不是道德问题，而是基于一种下意识的思维惯性。由于长期的耳濡目染，他的潜意识认为这是正常的。在我们的生活中，一些行为习惯通常是某种根深蒂固的东西，但你自己可能并未意识到，甚至觉得这只是一件小事。可在别人看来，那就是大问题。比如这位实习生，他觉得拿两包招待客人的烟无伤大雅，但在领导的眼里，从公司的利益角度来说，这是不能容忍的。

这则故事清楚地告诉我们：不跳出经验思维的局限，就会在过去的经验中溺毙。

对于如何跳出这种根深蒂固的思维局限性，我们暂时还无法拿出永久性的策略——与自身思维惯性的对抗就像左右手的互搏，但有一点是可以肯定的，要向那些拥有优秀的反惯性思考能力的人看齐，看看他们是怎么做的，再有意识地纠正自己的行为。

这就要求我们要多与那些比自己优秀的人待在一起，总结他们的好习惯和值得学习的为人处世的方法，看他们遇到事情是怎么处理、怎么思考以及怎么行动的。将他们的处世方式与自己做对比，然后就会发现自己的不足。

每个人都有自己独一无二的能力，所以有些潜在的特质是学不来的，但是我们不需要一一掌握那些自己无法学会的本领，能够做到判断对错就足够了。就像那位银行的实习生，如果他能够独立地判断出父亲给自己带糖果的行为并不仅是单纯的父爱，其中还包含着一些错误的思考方式，他就不会在20多年的成长生涯中始终肯定这种行为，直至毁掉了一次获得好工作的机会。

简单化思考，发现更多可能

年轻人总有伟大的梦想，但如何实现梦想呢？或者说，在实现梦想的过程中，如何解决那些实实在在的具体问题？学到的知识如何运用？在国外的时候，我曾聆听过一次尼尔斯给一所大学即将毕业回国的留学生的讲课。

课堂上，尼尔斯讲了一个故事：

有一家酒店经营得很好，多年来一直人气旺盛、财源广进。这时酒店的老总准备开展另外一项业务，由于没有太多的精力管理这家酒店，他打算在现有的三个部门经理中物色一位总经理，让新人来替自己管理。

老总问第一位经理："是先有鸡还是先有蛋？"第一位经理不假思索地说道："当然是先有鸡。"接着老总就问第二位经理："是先有鸡还是先有蛋？"第二位经理胸有成竹地回答道："当然是先有蛋。"老总又问最后一位部门经理："你来说一说，是先有鸡还是先有蛋？"第三位经理笑了笑回答说："客人先点鸡，就先有鸡；客人先点蛋，就先有蛋。"

最后，老总决定把第三位部门经理提升为这家酒店的下一任总经理。

故事可能不是真实的，但它反映的是一个思考问题的务实方式。知识再多，也要接地气。思考不只是哲学的工具，而是解决实际问题的武器。所以，在通往高效能人生的道路上，我始终强调的一个基本原则就是化繁为简——任何复杂的事物，只要经过科学的梳理、洞见的思考，总能找到一个最简单的分析和处理方法。正如奥卡姆剃刀定律所强调的——剃掉一切无用的环节、组织和结构，与那些喋喋不休的形而上的辩论划清界限。

喜欢将事情想得很复杂的人，就是在为思考筑墙，把创造力与解决问题的能力全部困在了墙内。他们喜欢用牛刀宰杀小鸡，更喜欢拿高射炮打蚊子，所有的事情到他们那里都会变得异常烦琐，小事也会变成大事，思考与行动的效率都是非常低的。

有一位老先生要在客厅里挂一幅风景画，邻居刚好路过。老先生已经将画扶在墙上，正准备钉钉子。这时邻居说："这样不好，最好钉两个木块，把画挂在上面。"老先生觉得邻居说得有道理，就让他帮着去找木块。木块很快找来了，正要往墙上钉，邻居又说："等一等，木块有点儿大，最好能锯掉点儿。"于是，这位热情的邻居又急匆匆地四处去找锯子。但找来的锯子还没用上几下，他又说："不行，这锯子实在太钝了，得磨一磨。"刚好，他家有一把锉刀。当锉刀拿来后，他又发现锉刀没有柄。为了给锉刀安把柄，他又去树丛中寻找小树。要砍下小树，他又发现老先生手中的那把生满老锈的斧头实在是不能用，于是又找来磨刀石。可为了固定住磨刀石，必须得制作几根固定磨刀石的木条，为此，他又到郊外去找一位木匠，说木匠家有一个现成的。然而，这一走，就再也没见他回来。那幅画最后还是被老先生一边一个钉子钉在了墙上。下午老先生再见到邻居的时候，他正在帮木匠从五金商店里往外抬一台笨重的电锯。

看完这个故事你可能会会心一笑，觉得这位邻居的所作所为实在有些讽刺，可事实上，我们在处理一些问题的时候，经常会犯和这位邻居一样的错误：人为地把问题复杂化。把原本简单的问题想得太复杂，将复杂的问题搞得无法下手。表面上看起来这是一种对事物高度重视的态度，其实却恰巧是走向失败的开始。重视的态度不一定能解决问题，寻找最便捷的方法才是解决问题的有效途径。

如果你觉得一件事情是比较困难的，那么在着手处理的时候就会有意地采用一种艰难的方法思考和开始——这便是一个不好的开端。就像钉钉子，复杂的方法带来新问题，新问题又让事情更复杂。照这个节奏弄下去，事情会越搞越复杂，越搞越糟，最后的结果一定是——你不得不放弃。

简化思考，帮你找到出路

没有什么事情是复杂无解的。请相信我，当你从一件事情的结果来思考时总能发现这一点。之所以在开始时觉得复杂，是因为你在头脑中想得复杂，从主观上屏蔽了一直待在眼前等着你发现的简单之道。毫无疑问，复杂是效率的杀手，而简化思考才是真正的出路。

在《断舍离工作术》一书中，作者鸟原隆志写道：

“坐在我前面的女生在看一本书，我和同桌都想看。她看完之后把书往后一扬，问：‘你们谁要看？’我连忙答道：‘我要看！’而我那个同桌已经伸手把那本书拿走了。她笑着对我说：‘你的回答很迅速。’

“这下，我算是深刻体会到了什么叫‘先下手为强’。”

正如鸟原隆志在这本书中所写到的场景一样，许多人在工作中也非常努力，但他们就是吃力不讨好。你可能会问他们：

“是想得不够全面吗？”

“还是做得不够好？”

其实都不是，很多人反而可能在很短的时间内想到很多东西，他们做得也不比别人差，但最后就是得不到自己想要的结果。为什么？究其原因，并不是他们行为的过错，而是他们的思维方式出了问题——因为想得太多了并不是一件好事。

有一位法国的教育学者在对比中法两国的创新时说：“在法国，如果我们提出创新，这个问题十有八九会在不同的场合以不同的方式讨论上好多年，无数的专家学者会反复地论证创新的成本，创新带来的影响，创新与社会经济的关系，创新与政治、社会科学、心理学的关系，等等，让你烦不胜烦。等到做出最后的正式决定时，创新甚至已经过时了。但在中国，如果有人说我们要创新，你会发现，一夜之间整个社会到处都在宣扬创新，每个人都走在创新的路上，事情的决定都非常快，因为创新就是一个简单的事情，没有那么多复杂的东西。”

两国对待创新的态度反映出了思维上的两种不同方式，法国人喜欢思考和论证，将问题复杂化处理，中国人喜欢快速出击：“我先做起来再说。”这也正是我们在本节中提倡的——简单地做事，摒弃那些复杂的思考。

早些年间，我对一些事物也喜欢进行复杂化的思考，总觉得任何问题都有某种隐蔽的科学路径，如果我简单地思考或者给出答案，将显得自己很没有深度，或者做得不到位。但一次偶然的机会，让我意识到了这种思维是多么愚蠢。

在进行高尔夫球训练时，有一天俱乐部的教练问我："如果一个高尔夫球掉进草丛里，应该如何寻找？"我认真地想了一下，回答："当然要从草丛的中心线开始找吧，这样可以平均照顾到草丛的每一个地方！"教练摇摇头。我又答："那就是从草丛的低洼处开始找，球一般会滚落到最低的地方。"教练依旧摇头。"难道从草丛最高的地方开始找？"教练看着我迷茫的眼神，给出了他的答案："没有那么复杂，就从草丛的这头找到那头。"

我们总是在刻意地寻找捷径，希望把事情想得周到，以此在行动中节省时间。然而，思考捷径的本身已经让事情复杂化了。除了增加思考的工作量外，这并没有让我们的思维逻辑变得缜密，反而让人变得更加急功近利。

卡洛斯是我的一位工作伙伴，他在洛杉矶各地演讲时总会被问到如何快速成功的问题。在回答这样的问题时，他很喜欢讲一个故事：

有位年轻人在汽修店当学徒。一天，有人送来一部毛病不大但却脏兮兮的摩托车，其他学徒都嫌没有技术含量，不愿意修理，所以就交给了这位年轻人。年轻人认真地检查了车子并将其修好，之后又把这辆摩托车擦得干净崭新。其他学徒都笑他傻。在车主将摩托车领回去后没几天，这位年轻人忽然接到了一个电话，是那位车主的助理打来的。原来，这位车主是某公司的老总，他有意邀请年轻人到他的公司去上班。

就这样，这位年轻人获得了一次改变命运的机会。

这是运气问题吗？不，这是思维问题。毫无疑问，人人都想改变命运，没人愿意当一辈子修车工，他们都在思考如何改变命运，也许还在考虑有什么捷径。但当他们刻意寻找捷径时，捷径并不存在；只有在保持单一的目标并认真地完成每一项工作时，捷径自然而然就出现了。这个年轻人只是用一种敬业的态度把别人不想干的工作做好，然后他就获得了更好的机会。

简单地做事，认真地做好，距离成功就会越来越近。事情就是这么简单。

思考的“刺猬哲学”

有一个古希腊寓言，讲的是狐狸和刺猬的故事。狐狸是一种尽人皆知的狡猾动物，它脑子里的歪门邪道很多，经常设计一些复杂的路数攻击刺猬。刺猬则很单纯，生活简单，它每天只想着自己的事情，从未想过招惹狐狸。尽管狐狸想方设法地欺负刺猬，但每次的结果都是一样的：刺猬在发现危险时，立刻缩成一个球，这样它身体的四面八方都是刺。狐狸最后总是满身伤痕地落败回家，只能一边养伤，一边策划新一轮的攻击。

管理学家以赛亚·伯林从这个故事中得到了灵感，他把人划分成两类：狐狸和刺猬。他认为，刺猬之所以总能赢得胜利，是因为他把复杂的世界简化成单个有组织性的观点。就是说，不管遇到什么样的挑战，刺猬总是可以秉持自己的刺猬理念——缩成一个球，全身都是武器。就算局面再复杂，他也能找到行动的核心。而狐狸恰好相反，他的世界很复杂，他的花招很多，意味着他的目标很分散，而思维也是凌乱和发散的，所以狐狸不容易成功。

普林斯顿大学教授马文·布莱斯勒也针对刺猬的威力做出了评价："想知道是什么把那些产生重大影响的人和其他那些跟他们同样聪明的人区别开来的吗？是刺猬。"因为只有目标简化清晰，人们才能专心致志地一往无前。

"刺猬哲学"在很多知名的大企业中都得到了体现，它们利用刺猬对待狐狸的理念，建立了属于自己公司的成功哲学。

例如，起家于芝加哥的一个家庭小作坊，而今成为美国连锁药店之王的沃尔格林（Walgreens）公司，一直被当成管理学的成功典范，其备受推崇的"只做一件大事"的理念，其实就是经典的刺猬风格。只做一件大事就是简单思考，把一条简单路径做到极致。

卡洛斯曾在一次商业峰会上遇到过沃尔格林的前任CEO科克·沃尔格林。在走出峰会会场的大门时，沃尔格林瞬间被一群记者团团围住，想要采访他的都是一些知名经济杂志、电视节目以及论坛的记者，他们已经听惯了冠冕堂皇的漂亮话，只想让沃尔格林说一些切入要害的观点，最好能让他们捕捉到一丝引起轩然大波的八卦。

"沃尔格林先生，请您分享一下贵公司取得这样骄人业绩的原因好吗？"

"贵公司成功的背后有什么不能公布于世的秘诀吗？"

"政治背后的推动因素有多大？"

沃尔格林本想一脸微笑地离开会场，但簇拥的话筒和狮群般的记者根本不想就此放过他，最后他几乎是以一种被逼急了的口吻嚷嚷："听着，根本没有什么阴谋，你们的大脑实在是太复杂了！沃尔格林之所以成为美国最好、最便利的药店，只有一个简单的理念——可观的单个顾客光顾的利润，这就是我们能打败其他巨头公司的秘密所在！”

沃尔格林所说的秘密，其实就是更换药店的地址，把所有不够便利的药店统统换到顾客可以一眼看到的地方，最佳的地点就是通往四面八方道路的拐角，这样顾客可以随便从一个方向拐进来，从而光顾他们的药店。

对于这一理论的执行，沃尔格林贯彻得非常彻底。有一些利润非常可观的沃尔格林药店，就因为拐角的位置选择得不够好，只能辐射到半个街区的位置，沃尔格林就毫不犹豫地关闭了那个药店，重新在别的拐角建设一个新药店，即使这需要付出高昂的租赁费。

沃尔格林的宗旨是，让顾客走出家门就能看到沃尔格林药店，而不是穿过好几个街区才能买到几颗药片。为此，他们把成百上千的药店密集地聚到一起，药店连着药店，街区连着街区，就像城市地下通道一样。你可以想象，沃尔格林其实就是一只武装起来的刺猬，不管哪个方向，都有自己的攻击力。

“旧金山的沃尔格林药店简直比星巴克还要密集，我曾在1.6千米内看到不下9个药店，沃尔格林药店简直比公共厕所还要配备到位。就像你站在街上随便一招手，就是一辆挂着沃尔格林公司牌照的出租车。”科斯塔打趣道。

沃尔格林的成功向我们昭示了一个非常简单清晰的道理：保持单纯路径，简化复杂的思考。越是单一的目标，核心越明显，也更容易集中优势资源。

世上万事万物常以复杂的面目表现自己的形态，但本质上却是极为简单的，有时我们想破天也没有头绪，但当最终看到简朴的解决方法时，往往会惊呼：

“竟然这么简单？”

“这样就可以了？”

是的，就是这样的！简化的思维会帮我们摆脱复杂，你想得越多，就越容易陷入思考的困境。

必须避免粗暴简化

《爱迪生传》中记载了一个故事：

有一次，爱迪生让助手帮助自己测量一个梨形灯泡的容积。事情看上去很简单，但由于灯泡不是规则的圆形，而是梨形，因此计算起来就不那么容易了。助手接过后，立即开始了工作，他一会儿拿标尺测量，一会儿又运用一些复杂的数学公式计算。可几个小时过去了，他忙得满头大汗，但还是没有计算出来。当爱迪生看到助手面前的一摞稿纸和工具书时，立即明白了是怎么回事。爱迪生拿起灯泡，朝里面倒满水，递给助手说：“你去把灯泡里的水倒入量杯，就会得出我们所需要的答案。”助手这才恍然大悟。

简化思维会让我们的行动变得更高效，但简化不是“粗暴地删除”。生活中，我们也时常会陷入可怕的粗暴简化中。不加辩证地、教条式地简化思考，这样做看似简单，实则要付出更大的代价。

刚从大学毕业的菲菲独自来到北京打拼，成为“北漂一族”。这几天她刚找到一个房子，东西都搬好之后，她给父母打了一个电话报平安。电话那头的父母对房子的情况进行了一番详细的询问，在得知卫生间没有排气扇之后，立刻劝说菲菲从这栋房子搬出去，并给菲菲讲了一大堆道理，总之告诉女儿："没有排气扇的房子不能租。"但是合同已经签订了，哪能说搬走就搬走呢？更何况在北京租房不是一件容易的事，菲菲能在这个地段租到价格便宜的房子已经实属不易。

她的父母的思维逻辑其实就掉进了粗暴简化的陷阱。他们一直生活在中小城市，并不知道在大城市生存的艰辛。比如租房子这件事，在北京地区是需求大于供给，是典型的卖方市场，但在她的父母那里，情况可能恰好相反，是供大于需，房客不仅可以挑房子，还可以挑房东，所以他们在解决租房的问题上习惯于本地的解决方式：好房子很多，这个不行就换一个。在他们看来，换房子是很容易的。但对于菲菲来说，这种解决方式却并不容易执行，会让自己付出额外的时间和金钱成本，而且显得太过粗暴了。

其实，处理这件事情是很简单的，菲菲只需要去联络房东，让对方帮她装上排气扇就可以解决了。

简单化不等于寻找单一的标准答案。解决问题不像做数学题，没有单一的标准答案，应该结合实际情况，因地制宜地寻找最省力的解决办法。

粗暴简化会让问题变得更复杂。我们在寻求解决方案的过程中可以简化思维，但要适情适境，不能粗暴地用一样的方法去对待。粗暴地简化只会让事情变得更加复杂，甚至难以收拾，增加无谓的成本。

创造性思维可以无中生有

人类文明从降生在地球上开始，就从未停止过创造与思考，从钻木取火到如今的智能化时代，思考与创新始终贯穿于人类历史发展的全过程，任何一个小小的思考都参与推动了人类文明的进程。

比如条形码的发明，大部分人只记住了发明者诺曼·伍德兰德（Norman Woodland）。但条形码之所以能够诞生，最初源于一位超市高管对于收银台的工作要求——他迫切想要一款能够高效地解决超市收银台信息检索的产品，以此将员工从繁杂的分类、检索和识别中解放出来。沃尔玛是世界上第一家使用条形码技术的超市，1980年的试用结果证明，这一技术使收银员的效率大大提升。

可见，任何新事物的产生都源于人类对高效的思考。人们如果不去思考高效，那么高效就永远不会产生，思维的创造性也无从谈起。

很大程度上，创造性思维都与新事物的发明创造有着因果联系。因此，区别于其他思维模式的是，创造性思维是一种更高级的思维活动。历史上无数著名的人物都拥有卓越的创造性思维。可以说，这是一个人出类拔萃的基本素质。创造性思维不仅要求人们客观地认识事物的本质，更重要的是在此基础上产生新的认知——一种前所未有的思维成果。通过为自己灌输和训练创造性的思维方式，可以弥补惯性思维带来的缺陷，实现高效而富有创造力的反惯性思考。

跳跃性的创造

在很久以前的某个国家，有两个非常杰出的木匠，他们的技艺难分高下。国王突发奇想，要求他们在三天内雕刻出一只老鼠，谁的作品更逼真，就重奖谁，并且宣布他是技术最好的木匠。国王希望可以在这两个人中找出最优秀的一个。

三天以后，两个木匠都准时交上了自己的作品，国王把大臣召集到一起进行评判。

第一位木匠刻的老鼠栩栩如生，连胡须都会动，形象动人，十分可爱；第二位木匠刻的老鼠却只有老鼠的神态，其他地方都十分粗糙，远远没有第一位木匠雕刻得精细。大家一致认为是第一位木匠的作品获得了胜利。

但是第二位木匠表示了异议。他说："猫对老鼠是最有感觉的，谁的作品更像老鼠，应该由猫来决定，而不是人。"国王一想确实有道理，就叫人带几只猫上来。没想到的是，不管哪只猫见到了这两只雕刻的老鼠，都会不约而同地向那只看起来并不像老鼠的"老鼠"扑过去，对旁边那只栩栩如生的"老鼠"却视而不见。

人们非常吃惊，但事实胜于雄辩，国王只好宣布第二位木匠获得了胜利。对这种现象，国王很纳闷，就问这位拿到冠军的木匠："你是如何让猫以为你刻的就是一只真老鼠的呢？"

“原因很简单，我只不过是用混有鱼骨头的材料来雕刻老鼠，猫在乎的不是像不像老鼠，而是有没有腥味。”

这就是跳跃式的创造，它不仅远远强于一般的常识思维，而且也强于一般的创造性思维。在创造的基础上，它跳过了两层思维的惯性——第一层是形象的障碍，它绕过了像不像老鼠的思维；第二层是辩证的障碍，它考虑到了猫的需求，而不是裁判的标准。

要使自己具备跳跃式的创造思维，我们需要加强自己后天的培养与训练。幽默大师卓别林说：“和拉提琴或弹钢琴相似，思考也是需要每天练习的。”我们要练习跳过多层障碍，从不同的领域对自己的思维进行解锁，同时培养自己的想象力。你要让自己具有天马行空的想象力。

想象力是创造性思维的前提

根据心理学家的研究，在人的大脑中有四个分区，它们分管着大脑不同的功能。

感受区：从外部世界接收感觉。

贮存区：将接收到的感觉收集整理。

判断区：评价收到的新信息。

想象区：按新的方式将旧信息与新信息结合起来。

如果我们只是简单地接收信息，通过贮存区和判断区得出结论，却将想象区闲置，显而易见，我们多数时候是缺乏创新力的。我们习惯于采用旧的信息，按照旧的逻辑、经验和惯例进行思考和判断，对于未知的区域、知识和可能性不感兴趣。

心理学家埃文斯说："绝大多数人只开发使用了想象区的15%，其余部分则处于睡眠状态。要让这片土地苏醒过来，必须从幻想入手。"

现实中，幻想并不难获得，每个人都有天马行空的想法，有着奇异的梦想，但真正能用综合的分析和设想能力把想象变成可行的方案的人却少之又少。在思考的过程中，大多数人视这些突破常规的想象力为无用的东西，或自主地，或在他人的看法中轻易地放弃想象。因此，发明家才是这个世界上的罕见物种，因为愿意为了开发无尽的想象力付出努力和行动的人是百年一遇的。

爱因斯坦说："人的想象力比知识更重要，因为知识总是有限的，想象力却概括着世界的一切，推动着未来的进步，并且是知识进化的源泉。"比如，狭义相对论并非出于知识的累积，而是起源于他儿时的一个幻想。爱因斯坦在幼时就对光线充满了幻想。他每日都随着光线消失的方向奔跑，希望自己能追上光的速度。知识的积累在他幻想的过程中起到了助力的作用，为他的想象力插上了科学的翅膀，促使他成为人类文明史上最伟大的物理学家之一。

如果你热爱幻想，请将其视为宝贵的财富。因为幻想是开发大脑中创造力宝库的前提。如果善加利用，也许今天想象出的东西，明天就会变成一种可以进行创造的构思。也就是说，成功的构思总是有赖于明晰、富有创造的想象。

培养发散性思维

一道数学题摆在面前，仅拿出一种解法，是惯性思维；拿出一百种解法，就是发散思维。如果一个问题有多种可能性，就不要轻易地下结论。否则，你可能错过这个问题最精彩的部分。这就是我们要培养发散性思维的原因。

作为诺贝尔物理学奖的获得者，美国科学家格拉肖说：“一个人涉猎多方面的学问可以开阔他的思路……对世界或人类社会的事物形象掌握得越多，越有助于我们的抽象思维的成长。”

给你一张纸，你能想出多少种应用？我们至少可以给出下面的答案：写字，画画，印刷，叠飞机，剪窗花，糊窗户，当厕纸，当扇子，等等。因此，培养发散性思维没有捷径，你必须多接触不同领域的知识，刺激和训练思维的想象力。除了天赋，要提升思维能力，最重要的就是练习——它比天赋更重要。

发展你的直觉

直觉一般被当作没有依据的思维方法，因为直觉听起来像是瞬时的大脑反应，很少会有后续的发展或深入的思考。人们觉得它不像其他思维方式那样具有步骤性的、严密的推演过程，所以直觉常常被当作毫无意义的、非理性的感觉。

不过，许多心理学家都认为：直觉对理性思考并非无用，它代表了思维中最活跃和最具有爆发力的功能。一个拥有强大创造力的人，他首先一定会有优秀的、敏锐的创新直觉。他对某种事物具有洞见未来的预判，可以先导性地发现将来一段时期内的某些现象或规律。这种直观的思维能力在创造发明的过程中非常重要。

比如物理学中的阿基米德定律，就源于阿基米德跳入洗澡桶的那一瞬间。阿基米德发现了一个奇妙的现象，洗澡桶边缘溢出的水的体积，跟他的身体入水部分的体积一样大。试想一下，如果没有那种天然的直觉思维，阿基米德只是和普通人一样跳进洗澡桶便舒舒服服地洗澡，又怎么会发现这个重要的定律呢?

还有很多伟大的发现都是从直觉开始的，直觉超越了惯性和常识，让人找到了创造的突破口，比如植物生长素的发现。尽管达尔文在世时并没有发现这种物质，但他那时已经发现了植物幼苗的顶端喜欢向太阳照射的方向弯曲。这是一个普遍但被人们忽视的现象。他马上意识到，植物幼苗的顶端一定含有某种物质，正是它导致了这种有规律的现象的产生。他的这个想法在1933年才被人证实，这种物质正是植物生长素。

直觉应该被当作一种创造性思维，而不是被当成古怪的想法。在很多时候，直觉的表现形式过于大胆，有时又像某种应激反应，以至于人们常常对它报以嘲笑和轻蔑的态度。

曾经我和一位投行的经理聊天，我问他："你相信直觉吗？"他不屑地说："从不相信，投资需要绝对的理性，最有说服力的永远是数据。"我又问："那么，数据一定会告诉你2008年会爆发金融危机？"他这时摇头说："显然没有，我们都赔钱了。"排斥直觉的这些经理人大多数没有逃过金融危机的折磨，但一些有敏感预见力的人却早早采取行动，在危机爆发前退出了市场。他们做出这个判断时并没有多么充足的数据支持，只是因为脑海中的一个声音："我感觉不对劲，这个市场太热了，未来可能有危险。"这就是直觉，它既基于数据、经验和传统的判断，同时又超越了这些中规中矩的数字，调动了大脑对未来的充分想象力。

那么，既然直觉能在重大时刻发挥作用，为什么不开启自身的直觉思考，在某些时刻尊重一下它的判断？如果解决问题的过程中，你在经验之外发现了第二种解决方案，不要让其留在心中或把它抹掉，完全可以大胆地说出来。因为这正是你思维最活跃的时期。顺着这个思路，你可能会有更多新奇的想法和点子。你要学会捕捉这种灵感，慢慢地形成新的习惯，从而发展和强化自己的直觉思维。

强化思维的流畅性

“你的思维具有流畅性吗？”

要回答这个问题，你可以先问问自己：“对于外界突如其来的刺激，我是否能够流畅地做出反应？我是那种可以随机应变的人吗？”

美国心理学家曾经采用一种“暴风雨式联想法”来训练大学生们思维的流畅性，即像暴风骤雨一样迅速地抛出一些问题，学生们要火速给出答案，不能有任何的迟疑。评价会在训练结束后进行，学生的反应速度越快，说明他（她）的思维越流畅；回答的内容越多越丰富，则表明他（她）的思维流畅性越高。

这一训练方法的科学性就在于它对人的自由联想能力和反应速度的考验。经过一番训练后，学生们的思维能力明显得到了提高。这正是我希望你采取的训练方式，它可以大幅地提高你的思维反应速度以及创新式思考能力。

求知，才能无中生有

有位古希腊先哲说：“人类之所以孜孜不倦地探索世界，是因为对自然界和人类自身存在着源源不断的好奇。”换句话说，人类的求知欲产生于需求，如果精神上没有需求，我们就不会自主和积极地去认知世界。因此，想要获得足够的创造性，我们就要从培养自身的求知欲开始。

比如，你可以为自己设置一些不容易回答的难题。这是激发求知欲的简单易行的好办法。当你对某个事物或者问题产生足够的好奇时，才会在情感上燃起强烈的兴趣，接下来有力的探索行为才会产生。

所以，培养求知欲应该是一种有意识的需要长期坚持的行为。如果不这样做，很多创造性的思维能力和探索精神都会慢慢地萎缩下去。正如一个处于求学阶段的学生，只有始终处于跃跃欲试的心理状态，他才能主动学习，跳出惯性的被迫式学习状态，将学习转化为兴趣，将求知视为自己的人生需求，爱上学习和思考。

换个角度看问题

很多问题并非找不到答案，而是需要我们从椅子上站起来，将椅子换一个角度，同时自己也换一个方向重新审视问题。一旦能对事物开启多角度研究，头脑中的创新性思维就会开始自动运转。

从美国金门大桥变道的创意中，我们可以得到一些启迪。

1937年金门大桥建成后，堵车情况非但没有像预想中那样得到改善，反而堵得更加厉害了。管理部门为此花数千万美元向社会广泛征集解决方案，人们热烈响应。结果，中奖的方案却简单得出人意料：把大桥中间的隔离护栏变成活动的——根据上下班的人流去向，规定上午向左移一条车道，下午向右移一条车道。堵塞问题迎刃而解。

“树挪死，人挪活。”已经建成的大桥显然不能再移动，也无法根据人流量的拥堵程度重新加宽，更不能拆掉重建。但是换一个角度思考一下：除了大桥主体以外，有哪些部分是可以活动的？显然，人是活的，只要把固定的车道变成活动的车道，人流随着车道的变化移动，拥堵的问题自然轻松解决。

换个角度，换个机会

这就是让头脑拐一个弯的好处。过去的老办法未必能解决新问题，很多时候，总站在一个角度想问题，用以前的思维固执地纠结不前，便容易陷入死胡同。即使机会摆在面前，那些脑筋不会转弯的人也很难抓住。

1974年，美国的自由女神像除旧翻新，清除下来的垃圾堆积如山，以至于政府需要公开招标清理这些堆积成山的垃圾。因为纽约州对垃圾的处理规定十分严格，弄不好不仅不能挣钱，还可能招致环保部门的投诉，许多运输公司都望而却步。当时正在法国旅行的麦考尔公司董事长闻讯当即赶赴纽约，看过自由女神像下面堆积如山的废铜烂铁后，他立马签字，将这个项目揽了下来。

他的办法是，让人把废铜熔化，铸成小自由女神像；把水泥块和木头加工成底座；把废铅、废铝做成纽约广场的钥匙。最后，他甚至把从自由女神像身上扫下来的灰尘都包装起来，出售给花店。因为这是“自由的一部分”。这位从奥斯维辛集中营走出来的犹太人让这堆垃圾变成了350万美元现金，硬是把每磅铜的价格整整翻了一万倍——实现了28年前他的父亲为他设定的目标。

同样面对一堆垃圾，有的人看到的是数不清的问题和麻烦——既然是垃圾，当然不好处理；但有的人看到的却是巨大的商机——垃圾也要看来自哪里，有什么可加工的元素。这种认识便来源于思维的转换。不得不说，要突破思维的惯性并不容易，这与我们儿时所受的教育有着莫大的关系，正如麦考尔的思考方式离不开父亲的启迪。

所以，创造性思考的习惯是需要长时间培养的，越早培养和训练，就能越早受益。

麦考尔的父亲在休斯敦做铜器生意。有一天，父亲问他：“一磅铜的价格是多少？”麦考尔自信地说：“35美分。”父亲说：“对，整个德州都知道每磅铜的价格是35美分。但是，作为犹太人的儿子应该说3.5美元。你试着把一磅铜做成门的把手看看？”

如果单纯从铜的市价来看，麦考尔的回答是完全正确的，铜价一直在35美分上下浮动，收破烂的都知道这个道理。但是当铜被做成门把手以后，铜就不再是铜了，而是被赋予了新价值的门把手，价格立刻翻了10倍。

一件事物的价值有多高并不由其本身的物价决定，而由它的附加值决定。黄金未被做成饰品之前只是一种贵金属，但经过高明的设计师的加工和商人的包装炒作，黄金被做成各种精美的首饰，被赋予了高贵、财富的寓意，价值就完全不同了，因为它有了昂贵的使用价值。

就像美国旅馆业巨头康拉德·希尔顿（Conrad Hilton）说的：“一块价值5美元的生铁，铸成马蹄铁后价值10.5美元，倘若制成工业上的磁针之类就值3000多美元，而制成手表发条，其价值就是25万美元之多了。”

换个思维，换个卖点

通过转变思维而获得商机，并且一举取得成功的例子数不胜数。甚至有的人起点很低，但他们善于突破思维的局限，改变思考方式，从而逆转了自己所面临的不利局势。

沈阳有一个“破烂大王”王洪怀，他的人生梦想非常实在，就是发大财。但以他目前的情况来看，收一个易拉罐才赚几分钱，就算收上十辈子，也不可能变成富翁。有一天，他忽然想道：“我如果把易拉罐熔化成金属，也许就能挣大钱。”抱着试试看的心态，他把一只易拉罐熔化成一块指甲大小的银灰色金属。之后，他花了600元请了个专家进行化验，结果，那位专家告诉他，这是一种铝镁合金，价格不菲。王洪怀回去立刻算了一笔账，当时市场上的铝锭价格，每吨在1.4万元至1.8万元之间，卖这种金属材料比卖废品要多赚六七倍。假如他创办一家金属再生加工厂，一年就能成为百万富翁。

想到这里，王洪怀的眼睛发亮。最后他也确实成功了，为了多回收易拉罐，他把每只的价格从几分钱提升到了一角四分。仅在一年内，他的工厂就用空易拉罐炼出了240多吨铝锭。仅用了三年，他就净赚了270多万元，彻底从收破烂的街头小贩变成了拥有上百名员工的企业家。

由此可见，我们的身边从来不缺乏机会，我们只是缺少一种灵活地、创造性地看待事物的思维。有些事情看着不好做，但只要换一个角度想想，也许就能找到突破点，就可以从僵局中创造出新的机会、新的市场和新的卖点。

有一位成功的夜总会老板在谈到他的经营之道时说：“如果大家都用一样的想法开店，那和无数个不相识的人不约而同地开了同一家连锁店有什么区别？那样只会竞争至死。既然你们都出售喧嚣，我为何不能反其道而行之，出售‘安静’？”

你已经看到了，这位老板想出了一个绝妙的创意。他开创了一种叫作“沉默宴会”的活动，每个星期三都会举行一次沉默宴会。来到这里的所有人都不能发出声音，像默片时代的电影一样，人们只能通过书写或肢体语言进行交流。

“不能说话，人们就开始运用动物的本能眉目传情。活动时间一到，整个店内飞舞的全是情书和纸鹤。你能想象那样的气氛吗？连我自己都觉得浪漫。但活动时间是有限的，我们会在大家意犹未尽之时喊停。当主持人宣布沉默时间结束的时候，场内一片爆发式的欢腾，整个晚宴被推到了一个新的高潮。”

这位聪明的老板正是从都市人渴望在喧嚣的大都市里寻求一方安静的角度想到了这个创意，从而创造出了新的卖点。他的夜总会极具特色，迅速在残酷的竞争中脱颖而出。

换个方向，寻找新的突破口

芭比娃娃风靡全球，成为全世界许多女孩子想拥有的玩具。但你知道芭比娃娃的概念当时出自一家濒临破产的玩具公司吗？

1959年，美泰玩具公司因为经营不善濒临破产，公司创始人露丝·钱德勒为了寻找出路伤透了脑筋，最后她想出了一个创意，要创造一款以她女儿名字命名的成人型娃娃——芭比。这个想法当时遭到了股东们的一致反对，但钱德勒夫人没有退缩。她力排众议，让公司的产品在纽约上市。她的坚持最终收到了出人意料的效果——芭比娃娃上市仅一年就卖出了35万个。

如今，芭比娃娃已经65岁了，但芭比热潮却从来没有消退，收藏芭比娃娃已经演变成了一种时尚。

据悉，芭比娃娃的设计师多达100名。这些设计师不断为芭比“整容”，为她设计漂亮的衣服，而且还把一些名人的肖像添加进了芭比的脸谱中。为了保持人们对芭比的关注度，每年都会有12到20个系列被推出。对于不同的消费者，芭比的版本也有所区别，比如大众版、精品版、限量版等，适应人们消费口味的变化。尽管售价很高，但芭比仍然战胜了众多竞争者，成为最受女孩子喜欢的一款玩具。到现在，芭比超越了时空，甚至被赋予了某种偶像生命力。

2002年，钱德勒夫人在洛杉矶去世。在第二天，西班牙的埃菲社就发布了一篇报道：“昨天，芭比娃娃成了孤儿。”从诞生的那刻起，芭比娃娃就不再是一种可以任意拆卸的玩具，她成了孩子们心目中的偶像，成了大众眼中一个有生命力的人物形象。

由此可见，芭比娃娃的成功就源于一个成功的卖点。这个卖点改变了传统玩具在人们心中的印象，成功取得了自己的文化符号地位。如果没有这个突破性的创意，当年的钱德勒夫人和其他人一样，采取保守的做法，默默地、侥幸地等待市场危机自己消失，也许用不了几年，美泰玩具公司便不复存在了。

第四章

自我规划，梦想是规划出来的

要敢于畅想未来

法拉利车队正带着“17年不胜”的耻辱纪录经受着赛车界源源不断的口水——人们对法拉利嗤之以鼻。车队CEO蒙特泽莫罗此时做出了一个改变未来的决定：在1996年签下了已经两度赢得世界冠军的舒马赫。他决心对法拉利公司进行全面重组，以求在未来的某个时期重新崛起。在他的战略设计中，他不仅要签下优秀的车手，还要对公司的员工管理、汽车设计、工程可靠性乃至商业赞助模式做出深入的变革。

未来会怎么样？没人知道，但在短期之内，这一战略是糟糕的，没有达到应有的效果。比如签约当年，舒马赫的赛车引擎就在法国大奖赛中爆缸了，车队的领队也提交了辞呈。看起来情况不但没有改善，反而更糟！人们纷纷指责蒙特泽莫罗，认为他的做法是一个错误。但他并没有因为这些短期内遭遇到的挫折而有所动摇——即便后面的四年中这些挫折仍在持续。蒙特泽莫罗的计划在五年后开始发挥作用，因为舒马赫为法拉利获胜的比赛场次和赢得的冠军数目比历史上任何一个赛车手都要多。十几年后人们才发现，其实在蒙特泽莫罗做出那个决定时，法拉利的时代便注定将要到来。

微软创始人比尔·盖茨说过一句话：“我们总是高估了在未来两年

内可能发生的变化，但却低估了未来十年可能发生的变化。”造成这种境遇的正是长远判断的缺位——多数人没有从未来相当长的一段时期的动态变化来针对性地制订计划，采取应变措施，而是只着眼于当前的利益得失，这就决定了大部分企业和管理者的命运，也说明了有90%的创业者会在五年内失败的原因。

拒绝长期规划就等于放弃竞争

在国外做咨询实习生时，我曾经和尼尔斯的团队对全世界的企业家在制定战略时的“聚焦时间段”进行了为期两年半的调查。结果发现，大约67%的公司仅仅着眼于三年内的目标规划，甚至只对眼前一到两年内的市场变化进行预测。另外有30%的公司能够着眼于未来的五到六年，愿意预测和分析届时的经营环境。遗憾的是，只有不到3%的公司和管理者能够制定超过十年的长期规划，并预想到“自己在十年后应该做什么”。

这个结果并不出乎我们的意料。不少企业家接受我们的采访时都表达了自己的观点，他们觉得未来的不确定性因素太多了，市场每天在变，而且未来自己不一定会一直从事该行业，所以更长期的战略规划是不必要的，也是浪费资源的。有位创业者就曾经对我们说：“我感觉把短期战略做好，就能给自己捞到一桶金了。至于十年后会怎样？谁关心呢！”这种看法和我们以前遇到的一位美国密歇根州的企业家雷森特的意见是相同的。雷森特做的是从加拿大进口木材的生意，他十分不屑做计划：“看那么远干什么？谁知道明年加拿大政府会不会突然禁止木材出口呢？我只想保证未来6个月的生意，而且也只能看到这么远了。”

对企业的业务产生真正影响的确实是短期规划——它反映在当前公司的账上，是可见的、能够赚到的钱，也是老板与员工能否生存的命根子。然而，如果你的思维无法超越短期规划，制订未来十年乃至二十年的发展计划，就等同于你每天都在重复一种没有明确未来的短视行为，从而忽视那些可以真正地威胁到你的长期竞争地位的环境变化。

雷森特的木材进口公司还能维持几年、几个月呢？当时，尼尔斯对此是深表怀疑的。假如加拿大政府限制了这桩生意，导致他的公司突然倒闭，恐怕也是他的短视和侥幸心理造成的——他没有对政府的思路与行业政策做深入的研究与长期预测，一厢情愿地以为当前的市场会持续下去。

愿意效仿蒙特泽莫罗和法拉利的长期战略模式的人并不是太多，这决定了真正优秀的、可以形成世界性影响力的公司是少数的，能够承受远期市场变化的企业家也屈指可数。经济在衰退，各行各业都处于一种被淘汰压力加剧下的收缩状态，因此大部分的企业高管都怀着“避免被淘汰”的短视心态忙得不亦乐乎。他们觉得，长远投资不是问题，生存才是大问题。所以在我们的调查中发现，“五年战略”是普遍的企业家思维。

举例来说，当互联网平台以不可抵挡的秋风扫落叶之势席卷一切行业时，许多传统的实体零售公司仍然拒绝对未来20年的经营思维做出正确的预测和迅速转型，总以为威胁虽大但仍能生存，所以依旧将重点放到店铺的选址、经营模式的提升与不计成本的产品营销上。这么做的结果便是，在一定程度上提高了短期收益，却未让企业做好迎接未来艰巨的挑战的准备。我对此的评价是，这无异于宣布退出竞争。就像已经破产的美国第二大连锁书店Borders。

问题1：将短期与长期区分开的规划思维。

多数企业在做规划时，习惯性地将短期与长期分开对待，认为长期的远景不是目前要考虑的问题，先做好眼前的事情才是务实的。一旦企业家这么思考，长期趋势就永久地从他的视野中消失了，因为事实上，每一个长期趋势都会随着时间的流逝慢慢转化为他眼中的短期市场。他会一直被动规划，很难主动应对环境做出根本性的调整。

问题2："赚一天是一天"的经营思维。

有的老板斩钉截铁地告诉我们，他不准备考虑十年后，或许再有两年他的公司就关门了，何必为可能不存在的事业大费周章呢？这便是彻头彻尾的投机性的经营思维，既没有全景视野，又没有长期考虑。只要今天还赚钱，就不必为明天忧虑。如果你也用这种心态对待工作、经营自己的企业，未来的黯淡是可以预见的。你对未来不管不顾，未来就会对你弃之不理。

你可以研究一下各个行业的领先者，看看那些顶尖企业的带头人是如何规划未来的——他们很少陷进短期思维的泥沼之中。相反，他们通常把自己的战略眼光延伸到20年后，甚至能够设想未来的半个世纪会发生什么，看到隐藏在规律背后的必将发生的事实。你想得越远，投入得越早，就有更多的时间来建立优势，培育相关的能力。远见会为你带来丰厚的回报。

看多远，就能走多远

当云计算技术出现时，TCL的董事长李东生立刻就感知到了未来即将发生的变化。他说："思路决定出路，未来的十年将是一个战略驱动并且战略制胜的时代，云时代就是TCL的未来。"在互联网从基于PC终端发展到移动互联和云计算时，他马上提出了"全云战略"，力求把握将来十年的先机。

这一战略的发布，展现了李东生超前的眼光、敏捷的判断力和果断的决策力，不仅帮助TCL集团抢得了智能云产业的发展制高点，也为企业找到了新的市场突破口。在这一基础上，TCL联合中国的互联网巨头腾讯共同推出了"ice screen"这一革命性的"一站式在线生活"的全新智能终端，实现了跨界整合模式的创新。最终，远见为TCL带来了持久的利润，并且在市场上占据了优势地位。

对未来再迷茫，也要想到20年后。远见是一种稀有的品质，它考验人对未来变化的耐受力和长远规划的能力。在瞬息万变的市场上，你愿不愿意静下来看到更远的地方？你能不能耐住性子等待未来的积极变化？不管现在处于什么境况，你都应该尽量想到足够远的将来，为长期的可供使用的模式进行规划，而不是被短期利益诱惑，放弃了对未来的控制权和竞争的主动性。经济越困难，企业家就越需要远见。

有长远计划，才能获得持久优势。你或许是一个理性、冷静的人，不会对未来感到迷茫，但你仍然需要制订长远计划。想到不等于做到，做到就必须有切实可行的规划，否则你还是会徘徊在原地，难以前进半步。想走得更远，就要理性规划，不要对眼前得失斤斤计较，要用一种积极和开放的态度迎接未来的20年。

培养自己的长远眼光

伊利诺伊州的一个年轻人哈登拿了父亲给的10万美元准备创业，他向尼尔斯请教成功之道。他风华正茂，非常想快点有自己的事业，赚到大钱。当时正值盛夏，办公桌上摆了一盘切开的西瓜，尼尔斯就拿出三块大小不等的西瓜放到他面前，问他："每块西瓜都代表一份收益，你选择哪一块？"

哈登想都没想："谢谢，当然是最大的这块了！"他拿起来就吃。

尼尔斯说："那好，我吃最小的这块。"很快尼尔斯就吃完了，然后拿起另一块，大口地吃起来。哈登这时明白了尼尔斯的意思。虽然他挑了一块最大的西瓜，尼尔斯挑了最小的，但尼尔斯吃到肚里的却比他多。如果这是做生意，尼尔斯赚到的钱就会比他多一些。

"西瓜"是我们的目标，是奋斗所得。你要想成功，就要学会把眼光放远一点，放弃当前看似最大的利益，寻求长远收益。少数成功者正是这么做的，所以你才会看到成功的企业家不会为了一两年内的好收成放弃未来十几年内的大市场。他们愿意舍弃眼前的东西，换来长远的回报。但对大众来说，多数人都会选择"最大的西瓜"。

你一直在低头看脚下吗

哈登说："我在选择面前困惑不已，亲人朋友都劝我拿这笔钱做些能够短期见效的生意，比如在州府或郡府所在地开个餐馆。但我觉得，当地的餐饮业快饱和了，即便这两年还能赚到钱，可能三年后也无钱可赚了，竞争很激烈。我想到纽约发展，开一家服装设计公司，因为我是服装设计专业毕业的，同时对这个行业很感兴趣。但我也清楚，一开始很难赚到钱。"

这是两种不同的选择：低头看脚下，或者抬头看未来。在普通大众——他的亲人朋友的眼中，先把能赚的钱拿到手才是正经事，至于未来怎样，不是现在要考虑的问题。如果你有一笔钱，准备做点什么生意，我相信多数人一定也会这么劝你："孩子，干点稳当的事情吧！"看着脚下，别摔倒，这就是稳当的含义。但将来呢？很多人都缺乏对市场的洞察力和长远规划的应变思维。

一切急功近利的思考与行为都是短视的，这是大众病，因此也决定了为何顶级成功者是如此稀少。而你也想继续这么做，跟随他们的脚步继续亦步亦趋吗？尼尔斯对哈登的建议就是："让你的心牵引着你向前走，让你的头脑引导你做出决定。"穿透现实的迷雾，想想未来的30年自己最想做的事业，再看看有没有市场，你就知道应该如何思考了。重要的是，不管决定干什么，都不要只盯着眼前的收益。

短视者缺乏变革思维

从深层次的角度来说，是否有长远目标，决定了一个人有没有做出重大变革的勇气。跟从于现实容易被视作务实，也意味着较少的阻力和较低的风险——不需要变革就能见到短期的效果。这反映了大众的一种基本心态：得过且过。

我曾经去江苏一家企业参观，总经理明明知道企业再这么下去是很危险的，却迟迟不愿做转型的决定。“卖袜子的利润已很微薄，这我清楚，但是改变企业的业务结构代表着要经历调整管理层、裁员、引入新生力量、融资等一系列的阵痛，企业是否能承受？我是否能驾驭？”这便是他的担忧。他在骨子里缺乏变革思维，因此只能当一名“补锅匠”，过一天是一天。

那么，作为一名管理者该如何培养自己的管理思维呢?

首先，不要把“暂时的好转”错当成“市场的转机”。有些人抱着投机心理纵容自己的短视，他会把“暂时的好转”看作转机，认为不必进行根本性的调整。去年经营困难，赔了100万元，今年偶尔拿下一个大订单，赚到了30万元，他便觉得市场变好了，就继续这么维持下去。可是明年、后年呢？他几乎不进行客观预测，而是任由双眼被蒙住。想真正看到远方，找到自己应该走的方向，就得克服这种侥幸心理，直面现实。

其次，一个正确的长远规划需要漫长的时间来实现。人们并非完全不关注长远规划，但却对此缺乏耐心。有的人也喜欢做远景规划，也能看到将来自己需要怎么做，但坚持不下去——或者坚持不了多久。他们不知道，越是伟大的成功，就越需要足够长的时间来实现量到质的转变，甚至要十年以上的时间来完成。所以你要有一种“十年种树”的思维，要有超强的意志力，并为此做好充分的准备，比如需要充裕的资金支持来度过这个必要的阶段。

站在今天，看明天

“李嘉诚究竟在想什么？”这是近年来无数的政评家和财经评论员经常揣摩的一个问题。我们知道，这几年的媒体报道一直在炒作“李嘉诚从中国撤资”的话题，要想理解李嘉诚的行为，就要用他的思维方式去思考，而不是用普通大众的。

从2010年起，李嘉诚的公司开始在英国投资，到2015年投资额已经超过了400亿美元。涉及的项目众多，涵盖了电信、电力、基建及房地产等诸多行业。比如英国电网、英国水务、英国管道燃气、诺森伯兰自来水公司、曼彻斯特机场集团等。一系列的大手笔投资让长实集团成了英国最大的单一海外投资者，大有“买下英国”之势。

他的动机是什么？无疑这是人们最感兴趣的。但我认为应该换一个方式来问这个问题，“他对全球市场未来的判断是什么？”这才是李嘉诚做出如此重大决策的直接原因。有人在往欧洲跑，也有人在往中国来，如果不能获利，没有人会把自己在一个地方辛苦几十年打好的基业全部撤走。李嘉诚这样的人更不会。跨国资本流动的内在驱动力，并不是大众揣测的转移资本，而是基于这些企业的当家人自身对未来市场的全景判断。我们应该研究的是，他们从市场的变化中看到了什么。

从“圈子里”走出去

在英国投入如此巨大的资金，是因为李嘉诚对英国做出了别人没有洞察的判断，展现了他敏锐的洞察力与果敢的决断力。英国是一个老牌的资本主义国家，思想保守，传统深厚，行事僵化固执，这导致英国政府的决策效率较低，经常陷入互相扯皮拉锯的状态。所以海外投资者甚至本国的资本都对英国不抱信心。

但是，李嘉诚却从中看到了不一样的东西。

第一，英国的基础设施已经非常陈旧。

英国绝大部分的基础设施都是几十年前建造，不仅陈旧，而且落后。这由历史决定，但却意味着机遇。李嘉诚对英国有深刻的了解，于是果断出手投资电信、交通运输、水务和电网等重要的经济发展的基础行业。在他看来，英国人必定会寻求重振经济，届时这些基础项目都将获利。

第二，当时的卡梅伦政府正致力于以开放的态度重新振兴英国经济。

卡梅伦政府上台后，加大了英国对外开放的力度，制定了大量的优惠政策，提供了各式各样的营商环境和便利条件，对外资进入英国大开方便之门。这就为李嘉诚创造了一个比以前优良的投资环境，减少了投资成本。在别人还在犹豫时，他马上动手了。

近年来的事实证明，李嘉诚走出了无比正确的一步。他站在全球的角度看到了一种宏大的经济趋势，并提前一步布局，让自己占据了先机。他不在乎短期需要投入多少钱，因为他获得了未来的30年甚至更久的利益。

比如，英国和中国在一年内接连签署的合作大单，金额高达400亿英镑，许多中国企业也蜂拥而至，希望抓住英国向海外资本开放的这一历史性窗口。这些优秀企业正在做的事情，难道不正与李嘉诚当初转移投资方向时的决定相同吗？我们现在也看到，在中英签署的400亿英镑的大单中，李嘉诚成了最大的受益者之一，因为这个大单涉及的150多个项目都离不开英国的电信、交通运输、能源等基础设施的支持。

你要在别人不理解时看到机会

当越来越多的人从这些逐渐发生的变化中后知后觉时，有人惊呼："李嘉诚又赢了！可为什么我没有提前看到和想到？"经常来往于香港与深圳的英籍企业战略管理学专家米兰达说："这恰恰是卓越的企业领导者的过人之处，他能在别人尚不理解时看到机会。当他开始做一件事情时，甚至有很多人误解，但最后你会发现自己完全属于另一种思维，你可能永远学不会这种本领。"

错失良机的人对市场总是缺乏预见性，他们目光短浅，麻木迟钝，哪儿人多就往哪儿去。就像你身边的人一样，或许有时你也会跟从这些人的脚步，没有全景心态，没有自己的判断，也没有迎接变化的准备。但真正的成功者是相反的——

不管大众是否理解，他们坚持自己的方向，并明白自己在做什么；

不管别人是否支持，他们从不多做解释，而是努力把握机遇；

当人们开始理解并支持时，他已经成功了。

这就是应变思维为成功者带来的全景视野——超越现实的阻碍，看到未来的变化，并能在综合分析的基础上快速做出决策。要拥有这样的能力，就必须对自己的思维进行一场深层次的变革，为头脑打开一扇“天窗”，具备360度的观察和思考角度。

你要培养自己的前瞻性视野。没有前瞻性视野，人就不具备战略思维。它要求你在思考一个问题时向前看，学会分析比较长远的趋势，而不仅是受困于现实。

你要调整当前的短期战术。看看现在有多少行为是受到短期决策驱动的？当你决定放眼未来时，就得把短期战略降低到战术的层面，要重视它，但不要过分依赖它。就是说，短期战术的制定必须以长期战略为依托，由长远的目标为它提供导向。“长短结合”助自己取得成功。

你要有野心成为影响行业的人。即便不能建立起独树一帜的市场地位，或者在10～20年的时间内长久地成为赢家，占据金字塔的塔尖，也要争取影响行业的发展。伟大的企业执行官们都希望由自己改写行业的历史，而不仅限于赚钱。他们最大的目标是把自己写进行业的历史。你有这样的野心吗？

你要提前看到风险并想到决定性的应对策略。对不确定性因素最好的应对办法就是尽量拉长计划的时间长度——着眼于一个长期的远景，计算风险和收益。不过，它并不意味着鼓励你忽视风险，而是用趋势来有效地管理不确定性因素。只要你看到了长期的大趋势在何时、何地、以何种方式发生，就相当于找到了预防风险的关键。

拥有全景视野

长远的发展战略是成熟的企业家与年轻的创业者都要面对的问题。

这就像盖一栋房子，你不可能把材料买好放到原地就不管了。接下来你要设计图纸：

我要盖一栋什么样的房子？

我的房子是中式风格，还是西式风格？

我的房子准备使用多少年？

在使用年限内，遇到地震能不能扛住？

即便是一栋普通的房子，你也要考虑很长远的问题，更不要说管理一家企业或者去做自己的事业了。所以你必须在一开始就摆脱短期思维的束缚，放眼未来，为自己制定战略。在战略的制定过程中，要采取全景思维，要有应变的心态。

你要看到至少未来20年内的趋势：行业的、市场的、产品的、技术的、潜在需求的变化趋势；看到自己全部的优点和缺点，知道自己有什么和缺什么；看到同行们都在干什么，数数你有多少已经出现的和潜在的竞争对手；看到消费者都在买什么，问问自己，他们凭什么要买你的产品和服务；看到你的团队都在想什么，说服他们放弃短期思维，和你一起着眼未来。

要做到这些并不是一件容易的事，因为即使是世界级企业的CEO们也克服了许多强大的阻力，才成功地让自己和团队具备宏观视野。短视是人的本能，是人性的一部分，你要步步为营，并采取积极的行动，克服所有可能阻挡你的视野与思维创造力的障碍。

第一步，克服内部的思维阻力。

科斯塔说："在多年的培训中，我发现拥有长期战略规划的公司CEO们谈到最多的阻力是企业内部的固有文化和思维，这是他们面临的最大问题之一。就连扎克伯格这样的对公司具有绝对掌控权的领导者也遭受过管理层成员激烈的‘决策反抗’。”思维阻力的能量是极其巨大的，它既决定了管理层旧有的战略倾向，又极大地影响了他们未来的选择。所以，克服这种阻力是一项异常艰难的工作，但你又必须一往无前、无所畏惧。一个快速有效的方法是重新设定关键的绩效指标，以强有力的激励措施改变团队的思想，让他们从远景战略中得到回报。

第二步，设立长期的目标与计划。

你要重新评估当前的业务，认真地进行长远性的思考，调整目标，制订长远计划，以应对市场可能发生的长期变化。但这并不代表你要把未来十年以上的支出和收益全都规划出来——这是不可能的，你要对未来的市场做一个远期的宏观定位，深刻认识到行业将来可能发生的变革。这个长期的目标与计划是为了培养自身实力，增强对市场变化的驾驭力，针对不确定性制定方案。

第三步，把短期目标作为战术工具，树立自己的长期战略。

短期目标与长期目标要充分地结合起来使用，互为补充。根据我的经验，你可以对企业的战略进行逆向追溯，从未来向现在推导——明天要实现的远景计划需要我今天怎么做？再从现在向未来延伸——今天的做法会导致明天发生什么变化？这样就可以把长期战略需要的能力落实到短期的经营和管理中，改善你和团队的思维模式，最终衍生出正确的行为模式。要学会同时管理短期和长期目标，并且把两者相互关联起来，彼此促进。

第四步，拓宽你和团队的视野。

要养成一个敏锐的习惯，时刻留意那些大的趋势，并觉察它的变化。人的长期视野不是静止不动的，也不是一蹴而就的，因为那些能够改变未来环境的因素总在发生变化，甚至有可能逆转。所以，为了掌握真实的、动态的信息，了解行业的发展趋势对于企业的潜在影响，就需要持续地观察和调整。为了能够对外在变化做出及时反应，你要拓宽视野，向团队成员传递这些信息，把他们动员起来。不是所有的人都喜欢“睁眼看世界”，但你至少应该让他们尝试思考和建构一个“十年战略”规划。

第五步，一旦确立长期目标，就必须坚定地执行下去。

当你看到一个长期目标时，就要坚持下去，不可半途而废，否则这比“低头走路”的后果还可怕。在经历短暂的挫折时，不要犹豫。如果能坚持不懈地深谋远虑、厚积薄发，你总会得到积极的结果。

也许你会告诉我：“没错，先生，我从不否认长期战略思考的好处。我能看到即将发生什么，但我如何躲过短期不确定性因素的打击？”这些不确定性打败了无数企业家，让很多心怀壮志的人在半路改变了自己的思想。

长期目标并不是一个冷冰冰的物理条件，持之以恒地坚持付出需要强大的精神力量。为了实现这样的目标，你能采取的最佳方式不是忐忑不安地等待命运的宣判，而是提前让自己适应行业、市场及环境的变化，提高应对风险的能力。假如没有这样的准备，你可能迈不出第一步便已经被淘汰了。

梦想是规划出来的

2013年，在沃尔森位于芝加哥市中心的办公室里，我和我的记者朋友林迪问他是如何在短短7年间从一名人微言轻的会议记录员，成为一家资产2亿美元的公司总裁的。沃尔森今年只有32岁，穿着色彩柔和的休闲西服。他的性格就像衣服一样随和，毫不张扬，甚至略显颓废，完全不像这个年龄段的男人该有的性格。但与他熟悉的人都知道他的厉害与精明，没有谁敢小瞧一个毫无背景就可以迅速白手起家的人。

沃尔森说："我的第一个机遇不是拿到了芝加哥购物广场的设计项目，而是大学老师对我讲过的一段话。"

沃尔森的父亲是一名普通的工人——在他中学尚未毕业时就失业了，母亲是得克萨斯州当地农场的雇员，家庭的积蓄不足以支持他进入常春藤大学，因此他只能去州立学院。这些公立大学从来都是生产下一代工人和企业一线销售员的流水线，从进入学校大门开始，许多年轻人一生的命运就注定了。

沃尔森告诉我们，他遇到了一位喜欢找他谈心的老师，经常告诉他一些重要的话。他说："罗伯特老师有一次对我说：'你要写下未来5年准备做的事。'我回应说：'未来5年？那有太多的变数，到时可能我并不会做这些事，没有什么计划是一成不变的，何必自寻烦恼呢？’他听了很生气，几乎大吼着说：‘那么你可以晚上到校门外看看有些家伙在干什么，他们就是5年后的你。’当天晚上10点钟，我忐忑不安地走出学校大门，看到一群街头混混躲在建筑和树木的阴影中，无所事事。”

“当时你的心情如何？”林迪问。

“我快崩溃了。”沃尔森说，“我想，这就是未来？是我的未来吗？不，我决不可以让它变成现实。我想到罗伯特老师白天告诉我的话，如果我不对未来做一个规划，不规定自己的方向，不写下自己的梦想，我很可能会像这些人一样，永远无法翻身。”

沃尔森本来就是一个不擅长记忆的人，但他对未来确实有很多梦想。就在当天夜里，他写下了自己未来5年的梦想，其中一条就是成为这个世界上最好的建筑设计师。这个梦想很伟大，难度也高，但即使不能实现，他也要避免那些人的结局，这是从那天开始最令他恐惧的事情。

他很喜欢创造，特别是创造美丽的建筑，这个目标让他想起来就兴奋。为此，他严格按照规划好的5年梦想清单行动，从物理系转到了工程系，潜心学习建筑工程。工程学的基础在他后来的发展中也帮到了他，这是一门非常务实、讲究分类的理工学科。在接下来的3年里，沃尔森不仅努力学习动力学和静力学，而且也用心研究了钢铁、土壤及各种地形的特征，为他以后的发展储备了深厚的知识。

2003年，沃尔森从大学毕业，进入芝加哥的一家建筑工程公司。这家公司为美国中部城市设计和建造大型复合商场、购物中心和运动中心。沃尔森的第一个职位是公司设计部的会议记录员。他很喜欢这份工作，因为这意味着他有了大量的能够接触设计流程和创意产生过程的机会，并且他要记录下来。

“一年的工作让我成熟了，我深知自己离梦想越来越近，并且修订了自己的清单。”沃尔森说，他潜心钻研设计和工程成本计算，储备了足够的经验。从该公司离职后，他获得了人生中跨越式发展的机遇，他被现在的合伙人看中，并联手成立了自己现在的企业。然后仅用了一年，他们就拿下了芝加哥的两个大型超市和购物中心的设计业务。

一个清晰的梦想清单最终改变了沃尔森的一生。随着经济的转型，未来会有许多新的市场、新的机遇，只要你有心，做好准备，就可能抓住一切获得财富的机会。与此同时，也有许多人倒下了。多数人会走向失败。这是因为在梦想的竞争中，他们没有对自己的梦想进行格式化的描述。

· 他们对人生直接下定论，不去深入了解和想象。

· 他们是投机主义者，没有长远规划，导致人生缺乏后劲。

· 他们走错了方向，或者浑浑噩噩，变成了沃尔森最恐惧的那种人。

这是沃尔森最鄙视的行为。他说：“自己对下属强调最多的，就是建议他们用清单为职业生涯做一次梦想宣言。将来要做什么，如何去做？就像我们去买衣服一样，你今天看了一件衣服感觉很漂亮，可能要买，但当时稍一迟疑，过几天衣服就没有了，或者已经没了想购买的欲望。因此，对梦想清单来说，必须趁热打铁，在最合适的时机制订计划，督促自己把它实现。”

林迪在撰写采访稿时说：“越是没有梦想，就越会把自己搞复杂。成功者都是简单的人，他们懂得对未来做出选择，让选择清晰可见，他们的人生总能向前发展。”

制定你的梦想清单（见下表）——列出在你今后5年的人生中最重要的几项因素，然后进行对比，再结合实际情况描述它们。

环境	（1）灵活性：环境变化时梦想怎么变。 （2）时间：实现梦想的时间。 （3）期限：清单必须注明最后期限。 （4）保障：外在因素。 （5）机遇：未来的市场。 （6）地点：发展区域。 （7）难度：是否容易实现。
特征	（1）能力：对能力的要求。 （2）创造力：对创造力的要求。 （3）挑战：对挑战力的要求。 （4）领导：对领导力的要求。 （5）细节：对专业性的要求。
关系	（1）文化：梦想的社会认同性。 （2）协同：团队协同指数。 （3）交流：对沟通能力的要求。 （4）自主性：对个人自主性的要求。 （5）愉悦感：对心态的影响。
价值	（1）成就感：梦想为你带来的成就感。 （2）正直：是否会违背良知。 （3）尊重：是否受人尊重。 （4）影响力：为你带来的影响力。 （5）权力和身份：是否能让你成为权势人物。

上面列出的这份梦想清单，基本概括了一个人在制定目标时需要考虑到的所有因素。对不同的人而言，细节会有所区别，但本质上它们是一样的。所有的梦想都会遵循这四个大类。每个人都可以针对具体的环境、目标的特征、附加关系和内在价值来分别列出子清单，然后一步一

个脚印去取得进步。

在许多人的传统观念中，进入大学就像完成了人生最重要的部分，艰苦的学习生涯终于结束了，今后可以高枕无忧了。事实真的如此吗？实际上，恰恰从现在开始，你不再有犯错的余地，走错一步就可能导致你的余生“万劫不复”。你是希望做一个沃尔森这样的成功者，还是像普通人那样不给自己设定什么长远的目标，毕业后随便找个工作赚点钱，结婚生子，然后生老病死，湮灭于平凡的世界呢？我相信，没有人愿意这样沉沦，因为野心是上天埋在每个人潜意识中的种子，你要做的就是用梦想唤醒它，用梦想清单浇灌它成长。

第五章

高效做事，用清单提升你的效率

为何你做事没有效率

当我们在自怨自艾时，有没有想过为何自己缺乏效率？拉布尔森是一家公司的部门主管。她刚到公司时，似乎每天都迷迷糊糊，既不清楚要干什么，也不知道怎样提高处理工作的速度。如果她总是弄不明白工作的任务，那一定是老板的失职，但她多数情况面临的问题是对着一堆文件发呆。

“工作开展好几天了，我还不知道该怎么结束它。”

“友邻部门的海伦主管那么雷厉风行，我如何赶得上她？”

“我发现自己总是把简单的事情搞复杂，谁能给我一个有效的工具？”

拉布尔森刚开始被招进公司的时候很轻视自己的工作，3个月后又感觉自己就像井底之蛙。处理部门事务和领导十几名员工给她造成了极大的压力，她拖泥带水的作风也让下属叫苦连天。当她准备辞职时，老板把她叫到办公室，跟她讲解如何才能从根本上改变她现在的状态。

“为什么你没有效率？你应该想一想效率背后的思维方式是什么？不要总盯着那些怎么也做不完的工作，它们只能让你越来越烦。”

“您说得太对了，一想到还有很多文件没有处理，我脑海中唯一的想法就是辞职。我知道这是逃避，是无能的表现，但我实在没有办法坚持下去了。”

每个人都在鼓励自己做事情要坚持，工作要有效率，生活要有情怀。总之不管做什么都要抓住本质，用最小的投入收获最大的回报。这就叫效率，但却没有多少人真正思考过坚持和效率到底是什么——它们是行为的标准，还是思考的模式？如果我们工作低效并且坚持不下去，我们能不能想到究竟是哪里出了问题？

在与拉布尔森的沟通中，老板发现她是一个十分爱学习的人。这是个优异的品质，决定了她在部门主管这个位置上的成长性，但她的学习方法是低效的。参加部门会议时，拉布尔森喜欢做速记，把上司的指示和同事的意见记录下来，有时也用手机把会议中的关键信息拍下来。这是能提升效率的好习惯——只要她再进一步，把这些信息整理成会议清单，从中总结出工作方法即可。

但走出会议室后，拉布尔森似乎又回到了之前的状态。这些记下来的信息被扔在了速记本上，她很少翻看。连续反复地用这种方式学习和工作，使得她的工作效率始终处在一个较低的水平上。

找对了方法，有坚持的意志，结果就一定是有效的吗？拉布尔森的经历告诉我们：未必。因为她没有完成思考和行动的关键一环——把经验转化为指导工作的现实原则。也就是说，她热爱学习，可吸收知识的能力存在问题。这就需要帮助大家建立一个可以提高工作与生活效率的思维体系。

· 每天被浪费的时间多得如同掉落的头发，有没有一个成熟的办法来避免重复思考？

· 怎样长久稳定地保持工作的高效率，而不是习惯于集中爆发？

·如何避免自己忽略重要的部分，在紧张忙碌时仍能有条不紊地把握关键环节？

这是一个思维问题，而不是能力问题。一个人的思维存在盲区，他（她）的思考和行动就会定期发生断裂。就像我们听课的时候会困倦、睡觉，为什么明知这节课很重要却仍然产生睡意呢？也许是因为我们的思考和知识点无法形成很好的对接——你对这些信息的认知存在思维盲区，或者你没有做好准备来接收和利用它们。

有很多人都像拉布尔森一样过着没有效率的生活，虽然又忙又累，但却做不出几件有价值的事情，最终还打击了自己的信心。再回过头来看拉布尔森，她参加公司的就职培训，努力学习，但忙碌在她脸上写下的却是“碌碌无为”四个字，所以她十分痛苦，以至于希望通过主动离职来惩罚自己。

后来，老板对她说：“你的努力对公司业务的发展有帮助吗？我相信你没有从工作的过程中体会到成就感，这种工作状态对你生活的改变也不大。那么，离职真的能够让你好受一点或者弥补公司过去的低效率吗？如果不能，离职的价值在哪儿呢？你是一个聪明的女孩，一定明白什么才是真正的改变。因此，收回辞职信，听从我的建议，然后去改善你的工作模式。我相信你能够学到轻松并且高效的工作方法。”

你要记住：

第一，成功的本质首先是思考方式的成功。

是人的生命结构决定了思考方式吗？不，掌控一切的是思考方式。一个人的成功首先是思考的成功，然后才能带来物质的成功。就像我对拉布尔森提出的几条建议：

·不要让你的注意力被业务流程过分占据——你要把工作的重点放

到管理关键节点上，为此拟定管理清单。

· 不要让你的时间全都投入那些无足轻重、可以授权的事情上——你要思考如何带动下属提高工作效率。

没有效率的人在工作中有一个共同的思维特点，他们的注意力总是被一些程序性的东西分散。这些重复性、事务性的工作过分占据了他们的大脑，从而引起认知力、判断力和行动力的全面下降。体现在结果上，就是他们的工作耗费了大量时间，却没有像样的成果。为了逃脱低效的困境，你必须把工作内容进行分类、归纳和划分等级——用清单的思维管理自己的工作，才能有效地摆脱焦虑，提高工作的效率。

第二，在分工日益精细的今天，你需要管理自己的思维盲区。

现在我们生活在一个分工明确的社会，每个人都有自己既定的角色和岗位。你不可能独掌一切，也无法在复杂的现实中依靠那点仅有的天分使自己胜券在握。如果你希望自己从容不迫地应对任何事，就必须在当前的技能和知识之外，拥有更宽阔的视野。你要找到效率的原点，方法就是在你的大脑里植入清单思维，用清单管理自己的思维盲区。在尽可能掌握更多的知识和技能时，还要学会分化和整合它们。

看清你存在的问题

查尔斯·吉德林在对通用汽车公司做管理培训时提出了一个明确的要求，他让每一名雇员都学会罗列问题：“当你遇到困难时，如果能把它全面和清楚地写下来，放到自己面前，那么问题就已经解决了一半。”把问题写下来的做法，就是运用清单来思考问题、看透本质的思维模式。它会帮助你养成罗列和分析问题的好习惯，对迅速找到问题的症结是非常有利的。

我们为何不愿面对问题

制作问题清单的关键在于直面问题。但是，愿意面对问题的人为何如此稀少呢？我曾经去过很多公司探访，发现到处都存在粉饰太平的现象。

有家长春的公司专做从东北向日韩出口铜制半成品的生意，老总许先生一边怒骂企业的活力不足，没几年就会倒闭，一边又极力地掩饰管理上的问题。

当我建议他为自己列一个问题清单时，他的第一反应是："难道您觉得我有问题吗？"

我说："这样吧，两个礼拜后你再说这句话。"

我用了10天时间考察他的企业，跑遍每一个车间，走访每一个部门，和超过50名员工聊天，然后为他写了一份清单，上面列出了企业和许先生自己存在的大约30个问题，涵盖了发展战略、企业文化、薪酬体系、市场策略、员工关系、管理制度等几乎全部的领域。一家企业存在这么多"病症"，不倒闭只是暂时的。我将这些纸放到许先生的面前，他只是简单一看，脸色立刻变了。他不再理直气壮，也没有再说那句反问的话。

那么，大众为什么不敢面对自身的问题呢？

根源一：爱面子，所以逃避问题。

人都有自尊心，当自尊心达到一定程度时，就生成了面子心态。一个人爱面子，即使知道自己有责任，也不愿意面对问题。多数时候，他会死不认错。想让他给自己列一个问题清单，就得帮他分析问题的严重性，使他意识到如果继续逃避，他连最后的一点面子可能也保不住了。

比如许先生，当我告诉他企业难以撑过下个季度时，他大吃一惊，马上下定决心准备改变自己的管理方法。一个月后，许先生为企业准备了一份厚厚的"问题档案"。他不希望这么多年的心血付之东流。

根源二：清高固执，不认为自己有错。

觉得自己"永远正确"的人不在少数，尤以中小企业的CEO居多。他们既看不到问题，也不认为有什么问题。即便有，也是员工和客户的错误。想让这样的人运用清单思维定义和分析问题是困难的，有时得让事实说话——除非成了彻头彻尾的失败者，否则他们永不低头。

赤羽雄二的“A4纸笔记法”

曾经在麦肯锡公司领导成立了经营战略计划的赤羽雄二对韩国巨头公司LG集团的全球计划起到了至关重要的作用。2002年，他和别人共同创建了Breakthrough Partners公司，继续从事企业管理及思维培训方面的工作。为了帮助人们更好地借助清单思考和解决问题，赤羽雄二在他的《零秒思考》一书中提供了一个非常便捷的方法——“A4纸笔记法”。

这一方法所需的工具非常简单：一张A4纸和一支笔。在纸上写下眼前面临的问题和需要办理的事情，提供一个分析清单。它是一份分析草图，也是一个廉价高效的思维工具。只需要一张纸，我们就能够把所有的问题全面地呈现出来。

赤羽雄二说：“这就像一种大纲类的思维导图，简便易用，既可记下待处理的问题与事项，又可助我们做到零秒思考，培养逻辑思维，厘清情感和情绪。”它的好处是帮助你从宏观上看待问题，对所有因素一目了然，根据不同的情况找出不同环节的关键问题，进行整理和制订解决计划。

每张清单只有一个主题：每张纸是一份清单，只围绕同一个主题。这样既方便查阅，又能一目了然地阅读该主题的所有事项。不要让别的主题插队，这样可以厘清你的思路。

清单应该简洁直接：不要写太多内容，清单上应该出现的是主题、概要和注意事项，每条信息控制在100字以内。普通事项在A4纸上不要超过两行，重大事项不要超过三行。

每天用10分钟书写清单：每天要拿出至少10分钟的时间来书写清

单。可以在早晨，也可以放到睡前，把当天或次日要做的事情、可能遇到的问题及应对计划写下来，以备参考。

大事小事都列成清单：不要思考太多，比如“要不要写下来”的问题。凡是能想到的事项和问题，不管大小、紧急及重要的程度，都全部列入清单。只要想到，不论是什么都应先写下来再进行定义和归类。这对我们提高记忆力是极大的帮助。

一想到就立刻写下来：防止拖延。有些事情当时不做记录，过一小时就可能遗忘。对这个习惯的保持，最好的工具就是A4纸，而不是电脑文档、笔记本或其他需要翻找的东西。

任何时候都可以开始：把A4纸和轻巧的纸板随身准备好，保证你在任何地方、任何时候都可以写。你也可以将A4纸折起来放进口袋——这是普遍的做法。我在10年前就把这个方法普及到了公司的每一名雇员和部门主管。

清单需要随时补充：清单不是固定和一成不变的。一旦有了新的想法，可以把它拿出来随时修改和补充，增强清单的效果。总之，即便是同一个主题，你也可以从不同的角度来罗列问题清单，扩展视野，提供给自己参考。这会让你处理问题的能力和应变的速度提升百倍，因为你通过清单做好了各方面的准备。

用清单减轻大脑的负担

大学毕业后，徐小姐成功进入杭州的一家大型企业工作。和同学比起来，她是比较幸运的——形象出色，运气也不错，公司规模大，薪酬令人满意，行业前景也很好。但作为一名新人，初期的工作并不像她想象得那么简单。一进公司，她的办公桌上就堆满了工作，似乎永远做不完。

徐小姐从事的是行政工作，技术难度不大，但千头万绪。作为学校里数一数二的优等生，向来以思维敏捷著称的徐小姐这下彻底晕了。响个不停的电话，烦琐的报表、会议记录，没有头绪的PPT，搞得她头昏脑涨，经常一件工作还没开始，另一件就来催了。她十分烦闷，无法接受这种工作状态："这和我的理想相差太远了，真想辞职！"

就在她愁眉苦脸时，行政部主管周经理把她叫到办公室，冲了一杯咖啡放到她面前："来，休息一下。"在她喝咖啡的过程中，周经理给她讲了自己的故事——几年前，当周经理刚接触这份工作时，整个人的状态和徐小姐一样，每天加班到晚上11点钟才能勉强处理完手头的工作，早晨6点又赶到公司提前准备。那时，不要说出去娱乐了，就连去见男朋友的时间都没有，人的精神状态一片混乱，甚至可以说每天都处于崩溃边缘。

“后来呢，您是怎么过来的？”

周经理说：“不想办法我就只能辞职，和你现在的心情一样。所以我总结出了一个办法，每天晚上或早晨都为这一天的工作拟定好清单，上午做什么，下午做什么，越详细越好，然后按照清单一件件分类处理。就是这个小小的习惯，彻底改变了我的状态。基本上，每天到下午两三点时我就能够处理完当天所有的工作了，剩下的时间我就可以自由支配。工作轻松了，投入的时间减少了，效率反而提高了，我连续两年都是部门拿奖金最多的人，然后去年升任了经理。”

徐小姐开始时半信半疑，不过她还是按照周经理的方法开始改进自己的工作方式。每天到公司的第一件事，就是把这一天需要做的事情按照轻重缓急写在一张纸上，把这张纸钉在办公桌旁边的墙上，并且设定好每一个任务的时间。完成一个，就打一个钩，进入下一个。几天后，她发现自己不再那么累了，效率也提升了很多。

明确你的工作目标

你要懂得为自己列出一张目标清晰的工作清单。像周经理和徐小姐一样，与其在痛苦劳累的状态中抱怨和纠结，不如正视现实——不管你的心情有多差，怒火有多大，或者是如何抵抗，上司都会继续给你安排做不完的事情，会有源源不断的需要处理的事项摆到你的桌面上，它们是不会消失的。那么，为何不想想怎么才能用比较轻松高效的方式做好这些工作呢？

工作清单的本质，就是用列清单的方法来管理工作、思考工作，提高我们每天办公的效率，提升我们的时间利用率，用较少的投入得到较多的工作产出。你可以将自己从早到晚每天要做的工作写成一份清单，用日清单、周清单和月清单的形式灵活管理工作，就像日程安排一样，使它们井然有序，然后按照清单的安排一一完成。

· 日清单

包含早9点到晚5点的工作内容和次序安排，预留出1个小时左右的意外时间。

· 周清单

包含周一到周五的重要和次要工作，把它们分别标注出来并且安排好时间——什么时候开始和什么时候完成。

· 月清单

包含每月的工作计划和对上月工作效果的评估，月清单的目的是在总结的基础上保证下月的工作安排不出差错。

让工作不再是大脑的包袱

工作中我们总感觉时间不够用，最高转速的大脑也不一定能胜任每天所有的工作。事实上，在我接触过的企业管理者、重要部门的主管和基层员工中，仅有不到6%的人认为工作比较轻松——因为他们从事的是较为模式化的简单工作，其他人谈到工作时提到最多的一个词就是疲惫。

虽然每一位参与工作的人都非常清楚要把工作清单化、流程化，但是实践起来却总是出现意外，多数人不能在8小时的工作时间内妥善处理好分内的工作。“就像脑袋里长了一块石头，大脑始终有一种沉重的钝感。”波特教授说，“这带给了现代人非常大的心理压力，结果导致有的人只有吃安眠药才能睡着，做梦也在思考工作，心乱如麻。”

更多的人选择放弃，用敷衍的态度对待工作，应付上司的检查。他们寻找理由让自己心安理得：“是工作的负荷太重了，不是我偷懒，也并非我不努力，任务太多，时间却不够用，换你怎么办？”还有人理直气壮地大声抗议：“一天撑死就24个小时，去掉吃饭和睡觉的时间，我都在埋头工作，即使上厕所，脑子里想的也是工作，没有休息日，每天加班到11点……工作做不完我没有责任！”

不是时间不够用，是自己缺乏清单观念。真的是时间紧张、自己很无辜吗？当然不是，排除掉某些特殊情况——也许有人受到了苛刻上司的残酷剥削，承担了过重的任务，但多数人并非如此，规定时间内完不成工作的主要原因，是当事者没有清单观念。“不是工作太多，而是人们没有对工作进行分类排序，抱着做一件是一件的心态漫无目的地耗时间。”林迪这样总结那些职场的抱怨者。现实中少有人身兼数职、日理万机，但他们表现得却比世界上最忙的工作狂还要累，这就需要找一找自己的原因了。

从对比中发现差距，在学习中改变观念。我建议深陷工作泥潭中的人遇到这种情况时，先向身边优秀的同事学习，看看他们是怎么做的。是不是也和你一样，左手敲着电脑，右手拿着文件，忙碌得不可开交又怨声载道？如果不是，那就对比一下你们的工作方法，在学习中改变自己的观念。我在自己实习的公司也发现，那些业绩优异的员工都是比较擅长运用清单合理安排任务的人。他们在一种轻松自由的状态中取得了良好的业绩。

行动，行动，高效行动

有一个小和尚在寺庙里学习了一段时间之后，师傅就让其下山云游。但过了足足一个星期，小和尚都没有要动身的迹象。这一天，师傅逮着机会就问他："你几时下山？"小和尚说："等我准备好草鞋就动身，草鞋已经在做了。"

又过了一个星期，小和尚还没动身，师傅又来问："草鞋已做好，你几时动身？"小和尚看着外面即将下雨的天气说："师傅，这个季节恐会下很多雨，我明天让人做几把伞，之后弟子就动身。"

"伞什么时候做好？"

"一个星期。"小和尚说。

一个星期后，师傅来到禅房又问小和尚："草鞋和伞都已经做好了，你还缺什么呢？"小和尚看着鼓鼓的行囊，正要开口，却被师傅打断了："我看外面雨下得那么大，你的草鞋会湿，伞会破，你可能还需要一艘船对不对？这样吧，我明天让人去造一艘船，你一起带着上路，然后再招一个船夫为你撑船……"未等师傅说完，小和尚扑通一声跪倒在地："师傅，弟子明白您的苦心了，弟子明日就出发，什么行囊都不需要带。"

小和尚这样的举动，我们在生活和工作中经常会碰到。心中有美好的想法，纸上写了宏伟的计划，可没有转化为现实，原因就是没有行动。行动才是效率的核心，行动思维才是我们在应变中走向成功的保证。如果你总是只想不做，只准备不行动，那么你的一切思考和制订好的计划都是没有意义的。

·明确目标，立刻行动。

目标是否合理确实是一个重要问题，你可以采用分解评估的方式来进行判断。比如，把一个大目标分解成几个小目标，然后预估这些小目标完成后的阶段性结果。如果这些结果都没有问题，那么你就要集中精力马上行动，从完成第一个小目标开始。

你可以看看那些事业的赢家，他们都是高效的行动者——有些时候他们不是胜于全盘的谋划，而是赢在行动的速度和决策的果断性。他们不过是努力而且快速地完成每一个小目标，在不断地行动中促使全局发生了质的改变。可以说，立刻行动是获得高效率的基础，就像马云看到电子商务的市场后马上采取行动一样。不要多想，先做起来再说。目标和计划都会随着你的行动开始而变得更加清晰。

·在行动中进行思考。

正如前面所说，行动的方案可以在执行中改进，从而对最初的计划形成补充。当你决定做一件事情的时候，计划往往不会非常完善，此时最佳的做法是在行动中进行评估，在行动中完善自己的思考。先保证效率，再调整方向。喜欢停下来思考的人经常被落在后面，他们不知道“时间就是金钱”到底指的是什么。

·行动时不要找任何借口退缩。

“借口”是行动的天敌，也是成功者最鄙视的东西。现实中，有

10%的人从来不找借口；有25%的人曾经尝试找借口；有65%的人一直在找借口（甚至阅读本书的时候仍然试图找到停下来休息的理由）。在行动中遭遇了挫折，有的人会想方设法迎难而上，而有的人则会为自己寻找理由退缩。他可能会说："这件事不像我设想的那么美好。"或者："我的能力没有那么强，因此能做到这个程度已经不错了，我停下来不会有人指责我。"他掩饰自身能力的不足，用诸如此类的理由来挽回面子，或者干脆为自己找一个替罪羊，抱怨环境、指责他人等，来平衡自己的心理。

当你遇到这种情况时，即便是再困难的局面，也不要用一个"天衣无缝"的借口让自己停下来。你可以调整目标，降低行动的难度，但不要完全停下脚步。否则，你之前做的一切努力都将付之东流。

· 从最重要的事情开始专注地行动。

为了降低行动的难度，提高行动的效率，你可以排列事务的紧急程度，把最重要的工作放到前面，然后专注地把它做好。这是一种典型的非常有效的方式，避免我们的思维发生跳跃——在做A的时候想着B，掉头去做B的时候又想到了C。多个工作同时摆在面前，在头脑中消耗资源，分散注意力，可能忙碌一整天却什么都没做成，把时间碎片化，严重地降低效率。

对事情的紧急、重要程度进行排序并非简单地按照时间要求进行排列，实践中你需要严格地按照逻辑进行。比如你要解决某一个问题，第一步并不是马上想到一个最终的解决方案，而是先围绕它进行信息的收集，再执行分析步骤，最终拿出一个方案。按照这个步骤思考和行动，效率以及条理性便都会得到加强。

你可以尝试这样的流程：

选择最重要的工作——对要处理的工作做出决定，选择每天最重要的那项事务并做出计划：是一次性完成，还是分阶段去执行？

创造利于产生效率的环境——把所有的不相关的事项放到一边，让自己心无杂念。必要时可以关闭手机、断掉互联网。清理办公桌，保持办公环境的整洁。

安排及规定时间——为此次工作规定一个时间，最好设置一个计时器，用时间约束自己，比如“2 小时内必须完成多少工作”。时间的安排需要合情合理，不能超出自己的能力范围。

保证没有干扰——必须保证没有外界因素的干扰。但如果你在工作中遇到了意外，如何处理新的信息和新的任务？你可以马上把这些新信息和新任务放到一个约定好的地方（文件夹），然后继续自己的工作。除非另有更紧急的事项，否则不要将宝贵的精力转移到这些新的信息和任务中。

调整好状态并且马上开始——为此次工作调整状态，比如深呼吸，进行必要的运动，听听音乐，喝杯咖啡等。你可以默念 10 ~ 20 个数，然后告诉自己：“OK，我准备好了！”随后集中注意力，不要犹豫，立刻开始你的工作，并在较长的时间内努力维持这个状态。

列一份属于你的工作清单

科斯塔说："一个人如果从早晨开始就处在一种混乱无序的状态中，那么他这一整天都会不知道自己该干什么，手忙脚乱地同时做多件工作，让自己一直处于被动应付和疲于奔命的局面。"科斯塔与尼尔斯共事这么多年，一直保持着一个极大的优点——他总是在每天早上花10分钟来思考这一天需要做些什么，整理发散的思路，把一天的工作按顺序安排好。

因此，不管尼尔斯什么时候找他商量工作，或需要处理紧急事务，他总是从容不迫，效率很高。这是用清单思考、分配工作的必然效果。有一张高效清单，你就知道自己今天重点要做什么，如何去完成，怎样更具有条理性和更专注地去完成。

有工作清单保驾护航，工作的目标就变得清晰起来，时间的利用效率也有了保证，我们在工作中就能更加主动，更有信心。简而言之，一份合理的工作安排清单可以为我们带来以下的好处：

· 全程掌握工作的进度，做到随时一目了然。

· 能够不断总结调整，在节省时间的同时，提升工作的效率。

· 发现问题，及早中止那些毫无意义的安排。

· 从清单中节省出一定的时间，用来突击处理一些紧急的意外工作。

· 不必再反复思考后面的工作安排，可以把主要精力用到当前的工作上。

· 胸有成竹，减少紧迫感和焦虑感。

制定工作清单的基本步骤

2014年，尼尔斯为公司在旧金山的广告部门招聘了一位叫格蕾的助理。格蕾很年轻，只有21岁，她思维敏捷，是个行动力很强的女孩。但是刚上班时，她经常不知道该从哪儿开始去制订一份漂亮的清单来辅助自己管理工作。有一次客户通过她约尼尔斯吃饭，距离约定时间不足40分钟时，她才突然想到——还没有通知尼尔斯。

格蕾顿时慌了，用百米冲刺的速度闯进尼尔斯的办公室。当尼尔斯看到她惊恐的表情时，便意识到发生了什么。还好那天很幸运，旧金山的几条主要干道都没有堵车，尼尔斯准时赶到了吃饭地点。

第二天上午，尼尔斯把格蕾叫到办公室，询问她上班这一个月的工作感受。格蕾为难地说："老板，我为何是这种丢三落四的人？明明记在心里的事情，没几分钟就忘了。"尼尔斯说："是否方便邀请我参观一下你的办公桌？"她惊异地说："好吧，整个公司都是您的。"

到她的办公桌一看，尼尔斯知道了答案。格蕾是个特别爱干净、整洁的女孩，办公环境也和她的人一样一尘不染。这是优点，但是总觉得缺点什么。对，缺少必要的工作提醒。她的办公桌挨着房门，两侧是墙，不远处还有一个小书架。为什么不充分利用这些空间，开发出这个环境的提醒价值?

她没有清单思维，这是肯定的。因此即便她智商极高，也只能像热锅上的蚂蚁一样被这些堆积如山的小事搅乱工作的心情。尼尔斯耐心地告诉她作为一名助理学习清单思维的价值，让她即刻为自己准备一个清单工具，把每天、每周要做的事项全部写在上面，标好顺序。这样一来，她就能一件接一件地处理，不必费心考虑如何才能把这些工作全部完成。

有效的清单需要简明扼要、主次分明和目标清晰，同时需要写上简单易懂的实施步骤。这是把我们复杂的思考演化成标准流程。长期坚持下去，每天的工作就都能井然有序、高效地完成。

制定工作清单时，我们可以遵循下面这四个基本步骤：

· 先不要急着开始列清单，先写下那些必须的并且是可实现的目标。

· 在清单上对目标进行分解，比如一个大目标需要几步来实现。

· 制定分阶段的目标清单，写出各个小目标的工作计划。

· 规定每天需要完成的工作量，并附加一个总结清单。

保证同一时间只处理一件事

后来，格蕾问尼尔斯："其中，有没有黄金一般珍贵的注意事项？"尼尔斯对格蕾说："有，那就是同一时间保证自己永远在做一件最重要的工作。如果你制定的清单起不到这个作用，它便是无效的。"整理工作清单的唯一目的是减少我们的工作时间，以便增加最终的工作效能，获得身心的健康，让人从痛苦工作转变为享受工作。

基于这个目的，在制定清单时一定要懂得时间的分配，遵循先重后轻、先紧后松、先急后缓的原则，把未来一定时期内的工作梳理清楚，做出针对性的安排。为了避免因意外情况而使工作清单陷入被动，在安排计划时你还需要留有一定的空闲时间，应对那些突发事件。

· 为什么有40%的人都表示工作多得让他们几近崩溃?

· 为什么有些人一想到工作就不知道从哪一件开始?

· 为什么有些人在公司有多半时间都在手忙脚乱地思考下一分钟该做什么?

因为他们总是同时做多件工作，处理多种任务。不仅是因为工作的时间长，还因为他们在长时间地为太多的事务而奔忙，已到了焦头烂额、无从脱身的地步。有些高薪职位的离职率很高，这就是原因之一：从事这项工作的人不知道该怎么管理如此之多的任务，调整不好自己的思路，所以失去了长期工作的机会。

那么，现在请你想想：

· 你是不是经常一边回复邮件一边听取下属的汇报?

· 你是不是经常开会时讨论着会议主题，注意力却已经转移到了笔记本上的某个PPT文件上?

· 你是不是习惯了在办公室用10分钟就吃完午饭?

· 你是不是经常晚上11点后才疲倦地回到家，甚至已经半个月没有赶在孩子睡前回家了?

· 你是不是非常清楚不能边开车边打电话，却无可奈何地总在这样做?

· 你是不是非常担心繁重的工作无法按期完成，却没有一个成熟的计划来管理这些不同类型的工作?

从这些行为中你将遭到的最大的损失是，工作效率低下，你却浑然不觉。以这样的工作风格持续下去，很难想象你的事业将会变成什么样子。

从现在开始，别再分散注意力了！事情做不完，从某种程度上来说是我们注意力分散的结果。同时做着多件事情会使你无法专注地把一件工作做好，此时你的注意力的整体消耗虽然巨大，但工作的效果却不佳。从现在起，你要懂得集中全部的精力到其中的一件任务，不要管其他的事情，只须把眼前的任务完成好。保持这个状态，坚持一段时间后，你就能惊喜地看到成果——工作不再“堵车”了。而习惯分散精力同时处理许多件工作的人，他最后平均花在每件工作上的时间，要比集中精力去做这件工作花的时间多出20%以上。

用清单保证自己不受干扰。我知道清单对实现高效工作有多么大的吸引力，因为我是承受过工作繁重之苦的过来人。刚工作时，我们部门到处都是干扰注意力的因素。后来所在的部门决定做一个清单，合理划分每个人的工作，分工合作，彼此在同时期都只处理眼前既定的事项，稳扎稳打，保证公司项目的推进。这保证了我们的效能，也为后来我们部门业绩的提升奠定了基础。

第六章

优化人脉，有策略地改善人脉资源

为什么有些人突然不理你了

·“为什么有些人会莫名其妙地突然不搭理我了？”

·“为什么我为他默默地做了那么多，他却一点都不理解我，反而对我有意见？”

这显然是一个非常流行的问题，是许多人都有的烦恼。我的朋友西伯泽尔是加州一家公司的市场部副主管，在洛杉矶有一栋180平方米的大房子，事业春风得意，家庭生活幸福。但他却发现自己和最好的朋友巴里之间一定存在着“天大的误会”。他对巴里一直很友好，可换回来的却是白眼、冷漠和不理不睬，最近巴里连他的电话也不接了。

西伯泽尔感到委屈和不解，继而生气，他的信心受到了打击：“我不是很明白，可又不能直接问，那样显得我太没有风度了，也许真是我做错了什么？”

在他们两人之间，其实没有任何的矛盾。就像你和自己的朋友、同事的关系一样，有时你斩钉截铁地认为责任不在你这边，也偶尔做出了示好的举动，但和某个人的关系还是不受控制地变差了。他故意躲着你，不接电话，不回短信，实在躲不过了打个招呼，也是敷衍应付，没有诚意。而且，有些人还会引导周围的人一起孤立你。

我们的人际交往为什么会出现这种局面？

检查一下你的社交状态

· 你总是不愿意让自己成为大家注意的焦点人物。

· 你是一个羞涩的人。

· 你有些自卑并且害怕让人们发现自己是愚笨的而不是精明的。

假如你有其中两条的话，就有可能出现了社交问题。一方面，说明你有一定程度的社交恐惧症；另一方面，它影响你在同事或朋友眼中的形象，人们很容易错误地理解你的一些行为，比如西伯泽尔的遭遇——他一定是做了某些事情，那是巴里无法认可的。但两人没有坦诚地交流，这才是这种局面的罪魁祸首。

你把朋友忘记了吗

他们需要一份问题清单来重建友情。我决定和西伯泽尔共同寻找答案，到底是多么重要的事情伤害了他和朋友的关系？金钱，还是信任？为了帮助他，我特意给巴里打了一个电话，约他出来聊聊他们之间的事。

没想到的是，巴里也正感到委屈。在我实习公司附近的一间咖啡馆，巴里一脸遗憾地说："我已经记不清上次和那个家伙一起喝咖啡是什么时候的事了，自从升职后，他就忘了我这个老朋友，以前每周末我们这些老伙计都会相约找个地方聚一聚、聊一聊，每月看一场NBA球赛，或者到高尔夫球场试杆，但最近两个月一次都没有。他是大忙人啊！”原来这就是问题！从西伯泽尔的角度看，自己并没有做错什么，他原本是加州分公司的第三主管，60天前受到总部提拔，一跃成为公司在加州地区的一号人物，顿时成了人们眼中的风云人物。与此同时，他的工作也更加忙碌，可能只好暂且牺牲一下私人聚会的时间。这很好理解，为何导致朋友的误解呢？

原因就在于——他没有和朋友及时沟通和交换意见。在朋友看来，他变成了一个飞黄腾达之后就忘记朋友的人。

我们越来越需要寻找一些方法来更高效地应对社交的转变，西伯泽尔和巴里都需要一份清单来维系双方的友情，避免快速的生活节奏影响他们的日常交往。出现误会时，只需握握手就能解决吗？不，为了不忘记朋友，你应该准备自己的社交清单，让它来管理各个层面的社交关系。

写下能够互动的朋友名单

基于彻底改善的目的，我对西伯泽尔提出了一个长期建议：“你很有必要为自己建立一个朋友档案，来管理那些对你来说很重要的关系，不要再因为自己的失误而发生误会。要学会用清单的方式思考社交，用清单的工具管理社交，避免因为自己的注意力分散而冷落了朋友。”

今天我们身处的是一个互利互惠的年代，你认识多少人已不再是成功的专有名词，更重要的是你和多少人保持良好的互动。也就是说，社交的本质是互动，不是朋友的数量。也许有的人自诩认识几百上千个高质量的朋友，但他可能只和三五个人保持足够热度的互动，其他大部分人都沉默地待在他的通讯录上，几个月才联系一次，他甚至会在需要帮助时想不起有谁能提供帮助，因为他并不清楚自己的朋友都是做什么的。这样的社交又有什么意义呢？

第一步，把老同学的资料整理出来，做成清单。

老同学是我们人生的第一桶金，也是最容易保持较长时间的人际关系，而且，时间越长老同学之间就越亲近。毕竟，同窗之情超越功利，代表了一个人青春年华的所有记忆。但在毕业以后的几年间，你们会分散在全国各地，从事各种不同的行业，互相间的联系必然减弱。有时你会发现，当十年后和老同学再见面时，他已经成为某一行业或某一领域的重量级人物，而你却对此一无所知。

这时你开口请求帮忙，就有点儿唐突了。你在走出校门时就需要一个清单工具，为同学建立档案。为什么不主动请求他们留下联系方式，方便每年定期沟通和交换最新的联系方式呢？把老同学的资料整理出来，统一做成清单，随时更新消息。重要的不仅是保证你任何时刻都能联系上他们，而且你们在学习、奋斗、成长的过程中可以始终互相陪伴，社交清单起到的就是这个作用。

当有需要时，凭借着如此深厚、特殊的关系，他们可能对你提供极为宝贵的帮助——这种帮助超过了同事、其他朋友、银行，乃至一切机构能提供的支持，因为老同学能够不求回报地帮助你。这是我们人生中的一笔黄金资源，就握在你自己的手中，取决于你如何思考及对待他们。

第二步，建立详细的朋友信息库。

建立完老同学清单后，接下来需要做的是建立朋友清单——把你生活和工作中的朋友关系整理出来，为他们设立一个档案，组成专属于你的朋友信息库。在这个信息库中，对朋友的专长、联系方式等也应有详细的记录。例如地址的变更、工作的变化等，时刻保持最新的信息，防止打不通电话、收不到礼物这种事情的发生。

这有赖于平时你们之间的联系频率。假如你和朋友每周沟通一次，即便他换了电话，也会第一时间通知你；如果你们每月甚至每个季度才偶有一次联系，那么他就会有50%的概率忽视掉你。他可能认为你们之间的关系没有重要到需要马上通知你电话变更的程度，他可能会想："等过几天再说吧。"但几天后他已经忘记了。所以，不要嫌麻烦，定期沟通，哪怕只是一个短信，也要及时联络。西伯泽尔已经为此付出了现实的代价。

第三步，列出不能忽略清单。

还有一个清单是我们应给予重视的，那就是一份专门的不能忽略清单——有很多关系虽然不是固定的朋友，但也不能忽略，比如我们在交际场合认识的一些人，虽然只交换了名片，还谈不上有什么交情，但又有潜在的长远价值。我们要为他们做一个分类，并制定专门的清单。

这类关系遍布于各行各业以及各种阶层，人们互相寒暄，交换名片之后，也许很长时间都不再联络，但你不应该把这些名片丢掉，而应该统一整理，在清单中记下每个人的行业、工作特点和职位，依照姓氏和行业的分类保存下来，以备不时之需。

当然，我们建立交际清单和分类管理的目的并不是刻意地结交那些重要的人，而是实现社交关系的高效管理。有很多人交朋友没有功利心，因此对名片的管理十分混乱，当有人打进电话来时，自己竟然记不清对方是什么时候给自己留的名片，这时气氛就很尴尬，会影响双方进一步的交流。

清单的形式并不需要统一的格式，你可以用电脑建立朋友档案，也可以用笔记本、名片册。这些方法各有长处，但不管用什么工具，都要记住和每个值得交往的朋友保持定期的联系，别等到需要对方时才想起来联络，那时就已经晚了。

看清社交的本质

华盛顿的公共关系专家罗尔巴赫说："大凡那些成功的政客和企业家，他们可能在工作上一无是处，总是依赖自己的助理和智囊团做出判断，但他们无一例外都是交际好手，是出色的社交专家。他们明白自己脚踏何地，知道如何务实地寻找并整理资源，建设高质量的交际群体。"

什么样的社交计划是务实的？这是一个有趣的话题。反过来问就是，如何做才能在好高骛远与缩手缩脚之间找到平衡？对此林迪在《华盛顿邮报》的专栏中引用了一句流传已久的名言："看看你想什么，再想想你有什么，然后决定站在哪个位置。"

我需要什么样的社交

冷静地思考这个问题，你会发现世界一直对你敞开大门，但你不可能得到太多。有些人四处曝光，活动在各种社交平台，貌似能呼风唤雨，可他（她）的实际所得是有限的，表面的风光并不能给他带来任何正面收益。还有些人——像巴菲特——总是隐藏在闪光灯的背后，躲在人们找不到的地方，很少看到他出席社交活动，但是没人会怀疑他的社交能力。

从某种角度讲，我们不出门，但仍然可以有丰富的社交生活，比如在社交网络上关注名人并和他们互动，在微博上找到一堆好友——这是虚拟时代的极端行为，但它不是我们需要的清单，因为它谈不上务实，甚至还不如跑到外面和陌生人搭讪。

你要先想一想自己需要什么样的社交：

· 我的工作要求我怎么做？

· 我的生活需要我怎么做？

· 我目前有多少朋友？

· 我希望未来增加多少朋友？

这些步骤在清单的准备期就完成了，你可以把它贴出来，再写上自己的答案。清单也有好坏之分，如果你的社交清单上面写满了不切实际的目标，那么它就是一份坏清单。比如，作为一名从没接触过金融市场的学生，你会把华尔街的那些操盘手都列为自己的社交目标吗？我劝你不要这么做。对陌生领域保持足够的敬畏，是一个保守但却安全的原则。

不管怎么说，我都希望你能够走出去，告别虚拟社交，去一些不熟悉的地方，进入陌生的人群。如果你和他们能够在一定程度上相互感兴趣，然后开始交流，彼此有新的体验，开阔视野，那么你就能回归最本质的社交。

让社交回归本质

· 制定一份社交的健康清单。

社交的本质是人和人之间的心灵交流，坦诚和互相学习的态度永远都不会过时，因此必须杜绝那些哗众取宠、自私自利及堕落的选项，保持清单的健康。充满活力的社交应该时刻体现相互促进的作用，我们打出的每一个电话、见过的每一个人都应该是健康积极的，至少不能有太多的负能量。

· 社交的核心是人，不是利益。

无论是普通朋友，还是纯粹以商业合作为主的客户，其本质都是人，利益固然重要，但它不能依附在人身上。糟糕的社交总是从利益开始，以利尽结束，这不是我们要用清单追求的。两者间定位不同，形成的差异会非常大，而你要聪明地理解这种定位。

制订清晰务实的社交计划	
计划的目的要单纯	（1）我的社交现状：客观情况。 （2）我的社交目的：想认识哪些人。 （3）我的社交环境：环境限制和条件约束。 （4）我的社交方向：多数情况下要和行业绑定。
注重清单和解决问题	（1）清单的分类：不同类别的关系人。 （2）价值区分：人们能为我解决什么问题。 （3）价值提供：我能为人们解决什么问题。
计划要有延续性	（1）时间清单：涵盖未来 5～10 年的社交计划。 （2）前后一致：自身形象的建立是一个始终如一的过程。 （3）兴趣与关注点：长期互动，共同进步。

在这份表格中，你会发现一个清晰的脉络：社交首先是“我的需要”，而清单则是“我们的需要”。优秀的社交清单往往能够精确、全面和高效地在你和他人之间搭起一座桥梁，组合你们的资源，建立交集。同时，是人决定了清单——互相的需求决定了清单的形式和目的，而不是清单决定了人。因此，不要妄想一张清单就可以解决一切问题，应该在思考现实的基础上整理你的现有社交体系，并不是为了替换，而是换一种思路，在另一个层次上（比如清单）解决问题。

设定联系人的优先级清单

亚特兰大有一家火腿店，老板费什曾在酒店当过十几年的高级厨师，后来自己创业开店也很成功。他的火腿店成立三年来生意红火，很受顾客的欢迎。但费什的目标并不满足于只面向一般的消费者，他希望亚特兰大所有的酒店都从自己这里订购火腿。于是，他盯上了当地某高级酒店的总裁哈特先生，把他列在了自己的客户关系中最优先的位置。

费什从酒店的官网上找到了哈特的联系方式，然后每天都打电话过去，希望可以和哈特交流；他也坚持每周去参加哈特的社交聚会，没有入场券的他会在门口等候，只为了和哈特见上一面，促成双方的合作。这实在不是一种高明的方法，因此三个月过去了，他每次的尝试都以失败告终。

经过反省，费什改变了策略。他想："为何我不建立一个清单呢？"他收集了哈特所有公开的个人资料，建立了一个信息全面的朋友档案。经过分析，他终于找到了哈特的兴趣——这位总裁还是美国儿童权益保护协会的成员，经常出席一些与儿童保护有关的活动，并且十分热情地捐钱捐物。

于是，费什开始去参加这些活动，终于在一次由美国儿童权益保护协会举办的捐赠活动现场见到了哈特。当哈特宣布捐出5000美元时，费什也跟着捐出了同样的数额。哈特和他聊了起来，随后的结果令人吃惊——尽管费什没有聊到火腿业务的事情，但哈特却主动请求他抽时间把样品和价格表送到酒店。几天后，他们两人在哈特的办公室做了一次深谈，此后费什便成了该酒店的火腿供应商。

费什说："现在我们不仅是商业伙伴，还成了无话不谈的朋友，想想看吧！如果没有这个清单，没有我的重点联络，可能再有10年他也不会对我的火腿感兴趣。"

有一天，科斯塔把一本制作精美的手册拿给尼尔斯看，告诉尼尔斯这是他的社交清单，已经有17年的历史了。手册有一百多页厚，用金属圈装订，贴了很多标签，注明了联络的优先级。尼尔斯翻开一看，手册内页笔迹工整，字字清晰，把每一位联系人的电话、住址、工作、职位、生日及爱好等全部信息都以一种简洁的形式写在上面，还对不同的联系人做了分类，比如亲人、亲密朋友、合作伙伴、客户、重点客户等，标签上则写着重点联络、每周联络、每天联络等提示语。

只是建立档案或清单显然是不够的，科斯塔的做法为我们提供了很实用的经验，关键是保障联络的通畅。在这里，清单作为一种信息的载体，对社交联络的质量提供了有力的支持。当你准备给一个人打电话时，查阅一下清单上关于他的内容，你就知道应该谈论哪些话题，这样就可以给对方留下深刻的印象。

不要和每个人都建立稳定关系

怎样用一张清单就可以与新认识又不经常见面的朋友建立一种较为

稳定的关系呢？我发现那些朋友质量高的人都懂得使用分层管理的方法，他们针对社交清单分层管理，并不追求与某一个个体的稳定关系，而是针对某个具体的层级。人的精力毕竟是有限的，精力再充沛的人，他的关注力也有上限。相关研究显示，如果你只是点对点地打理人际关系，而不使用清单，你很难同时对50个人保持同一种关注度。甚至可以这么说，超过50人你就没有办法维持与他们的关系，大脑的思考能力是有限的，它会拒绝你的请求。

第一层：非常亲密而且长期的朋友。

比如发小、公司合伙人、认识十几年的知己、经常一起喝茶的好朋友等。这是离我们最近的一层关系，在清单上位列第一位，但你不用费心去特意地经营和他们的关系，只需点对点地日常联络。因为他们早就已经融进了你的生活，就像亲人一样，你们的生活和工作都有千丝万缕的联系，你们可能随时都在互动。

第二层：亲人和朋友。

这一层的关系主要以血亲关系和兴趣关系构成，前者是远近不一的亲戚，后者是你平时因各种兴趣和活动而组成的朋友群，周末相约去参加某些特定的活动，例如足球比赛、高尔夫和理财俱乐部等。在清单上，他们处于第二层级，需要你定期予以关注，对亲人要在合适的时候打个电话，对同好之友如果有两次活动你没有参加，可能对方就会渐渐地疏远你，或者对你产生不满。

第三层：和工作相关的关系人。

工作关系是一个很重要的清单，上司、同事及客户都在这个清单里，人员众多，关系复杂，打理起来有多么困难，有经验的人都会明白。因此，对这一层关系的清单你首先需要的是简化——在庞杂的工作关系中，先找到志趣相同、能够互相支持的重点关系人，形成长期、固定和足够热度的联络，尽可能加深双方的感情。这是工作得以顺利开展的保障。

其次，站稳脚跟后，你拥有了一个自己的小群体，就可以使用这个群体的资源去渗透外围的群体，提高清单的档次。你会发现在不同的群体之间，存在着严重的信息不对等，这正是我们要努力的方向——从不对等的信息中获取资源，体现价值。比如，你在销售行业为主的关系清单上发现了一些创业者，同时又在投资行业的关系清单上看到有人拿着钞票在寻找合适的项目，而你就可以把他们约出来聊一聊，成为中间的桥梁，这就是信息融合——它是利用清单达成的。

第四层：由前三层的关系介绍的朋友。

对于这一层关系，我们也应该在清单中单独地划为一类，它是典型的“点——点——点”的社交关系：你和目标之间隔了一层关系，因此需要了解的重点是中间关系人，了解中间关系人对对方的熟悉程度和评价，对方是否与你合得来，你们是否有不一样的地方。这类朋友一般是不稳定的，如果不是有特殊的需求，双方一般是抱着聊聊看的心态跟对方打交道。

在管理这个清单时，你发现自己已经删掉了一大半人。不过，我们仍然不能轻视它的价值，有不少企业家都是通过第三方关系得到了融资或找到了重要的客户。这不是上帝扔骰子，也不是伯乐找千里马，而是一场社交领域的概率游戏，当然它也取决于你的中间关系人的质量。

第五层：刚开始联系但尚待观察的关系。

这也是一个独立的关系群，比如偶然被朋友介绍的关系，或者临时合作建立的关系群，在俱乐部谈得来的陌生人，但只见过一两面，尚未深入了解。本质上，它属于孤点社交的层面，在联络上没有什么优先级的区别，你只有大概的一个印象和初步的判断。多数情况下，它是很难破冰的，超过99%的人和你的联系不会超过一个月，更多的是一面之缘，继而各走各路。但问题是，有些精英就藏在这些人中，虽然可能不到万分之一，我们仍然要采取一些高明的联络策略：

· 主动发现活跃者，直接和坦率地深入了解，建立定期联络机制。

· 找到和一些人的共同点，这很重要，让这些共同点成为你们继续联络的基础。

· 如果认为自己的精力不够，你应该果断放弃，重点维护前三层的关系。

列明共同点和你没有的东西

克林顿作为美国前总统，在任期间重振了美国经济，他就是一个极为擅长人际交往管理的专家。在回答《纽约时报》记者的提问时，他说："如何保持我的政治关系网？那就是写卡片。每天晚上睡觉前，我都会在一张卡片上列出当天联系的每一个人，以及对应的时间、地点和相关信息，然后输入数据库。"

社交清单记述了我们跟什么人打过交道，以及将跟哪些人打交道。清单的主角是人，不是清单，因此它主要的内容都必须围绕人的价值来体现：

第一，你们之间的共同点。共同的兴趣、行业、特长和价值观，任何交集都要标注，这是社交联络的基础，是你们的话题。如果你不知道一个人和你的共同之处，你就很难在沟通中说服他（她）。这已经成为营销学和交际学的真理。

第二，你没有的东西。通俗地说，它属于较为功利的部分，但它更体现了学习的功能。我们总是会在别人身上学习新的知识，嫁接新的价值。你的社交清单上的关系名单有多少人具有你没有的东西？尝试联络一下吧，他们是你的未来。

清理掉那些“有毒的朋友”

科斯塔曾经说过他年轻时犯下的一个错误——认识了几个喜欢泡夜店的朋友，时常带他到芝加哥各个城区的娱乐场所花天酒地，浪费时光不说，还荒废了学业。“当时觉得很好玩，享受人生呀！但几年后发觉自己在付出代价，有许多知识是走出大学后重新补习的。”他遗憾地说，“如果让我再来一次，我会离他们远一点儿。”

交友不能盲目和泛滥，有一些人是必须远离的。像科斯塔大学时代的那几名密友，曾经是他的社交清单上最重要的名字，而现在呢？据说有个人变成了流浪汉，还有一个是平庸的小职员。假如科斯塔没有在清单上清理掉他们，会不会变得和他们一样呢？幸运的是，他及时采取了行动。

科斯塔的故事有很多人感同身受，柏林的斯曼在过去也深受“有毒的朋友”的困扰，并有一段迷离的生活。他说：“有些朋友——为数不少的人，他们表面上与你很亲近，实际上却是要拉你一起掉进泥坑。在酒吧里，他们会笑着对你说，见到你真开心，工作不顺利吧？过来喝一杯。他们告诉你喝酒是件好事，放纵也是好事，有释放压力这种美妙的借口，你不小心就会上当。”这种假友谊如果不趁早结束，苦难将在后面等着你。

斯曼还有一些朋友，是抱怨的机器，经常拉着他找地方喝酒，向他抱怨各种事情。从工作到生活，从政治到军事，乃至抱怨生命的意义。斯曼经常陪着他们，倾听那些怨气冲天的发泄。当他提建议时，对方根本听不进去。最后，斯曼感觉自己精疲力竭，果断放弃了联系。

波特评价说："美国心理协会最近流行一个词语，叫'有毒的朋友'。越来越多的人认识到，有些不快乐可能是朋友带来的。该如何摆脱那些正在毁掉自己生活的朋友呢？你需要写一张清单，看看都有谁的名字。"

为"有毒的朋友"准备一份清单

· 喜欢搞破坏的人——他表面和你亲近，暗中对你使坏。这样的人表面上会打着关心你的旗号，打听你的各种隐私，然后在外面宣扬，破坏你的计划。总体而言，他对你有些嫉妒，因此欲置你于不利的境地。有时你会发现，许多令你不快乐的事情，正是那个跑来安慰你的家伙干的。

· 滔滔不绝的人——他们是出了名的话痨，特别喜欢唠叨，想尽办法要让自己成为人群中关注的焦点，让别人围着他转。和这种人交朋友，你只能把他（她）视为主角，自己老老实实地充当他的听众，否则你们的关系就可能冷下来。

· 自私自利的人——这类人的心中永远只有自己，不管别人死活。

他和你的友谊只是帮他获利的工具，一旦你对他没有了利用价值，你们的友情也就到头了。相信我，你会遇到这种人，或者你已经遇到了不少。

·惯于毁约的人——这种人视承诺如废纸，用完就丢，从来就不当回事。比如，你们约好了去一个地方，去做一件事，你严肃对待，认真准备，按时出现在碰面地点，这时你会接到他的电话："不好意思，我有事去不了。"更可恨的是，他经常这样，且毫无歉意。在其他方面他亦是如此，以至于你不敢相信他的任何承诺。

·玻璃心的人——有些人十分脆弱敏感，老向你哭诉和抱怨他（她）的境遇或遇到某些问题却没有解决问题的勇气。他（她）无法承受意外，只想一切都按其想象的那样发生，但这个世界并非如此，不是吗？这个世界很现实，而他完全无法适应。有了这样的朋友，你就是一个免费的心理治疗师，大把的时间都用到了重复性的对他（她）的心理疏导上，这种状态是看不到终点的。

社交清单的清理法则

·如何对待喜欢搞破坏的朋友？

在这类人面前你要有自信，不要被他的行为干扰到正常生活，特别是他的那些破坏性行动。

我们不可能完全改变别人，因此最好的办法是把他（她）从朋友清单上去掉，减少交往，甚至可以考虑在某些时候不接他（她）的电话，让他（她）有自知之明。

要在适当的时候对他（她）有一些暗示："我不喜欢你这样。"或者是："我并不拿你当回事，而且早就看穿你了，请你以后别再用这种方式和我打交道。"

·如何对待滔滔不绝的朋友？

对朋友愉快和悲伤的心情，首先你要拿出分享的态度，和他（她）一起承担。这是作为朋友的义务，但同时也要表达自己的建议。

如果对方仅将你视为一个听众，不关心你的意见，那么你完全可以在他（她）喋喋不休时做自己的事情，不用考虑他（她）的感受。

在必要时，你要明确地告诉对方："我有太多的事情需要完成，可否等我闲下来时再听你讲这些心事呢？"如果他（她）不能理解你的态度，就可以重新考虑和他（她）的关系。

·如何对待自私自利的朋友？

对能够体谅的自私，我们要尊重其权利，每个人都有自私的时候。

对毫无原则的自私，坚决予以回击，不要怕影响双方的关系，要大胆地当面说出来，告诉他（她）"你不能这样"或者"我很生气"。

优先的选择是把他（她）从社交清单上除名，减少与这类人的来往，防止被他（她）再一次利用。

·如何对待惯于毁约的朋友？

当他（她）是一个喜欢毁约的人时，对你们之间的约定不要当真，这是最基本的态度。

有时候，你可以故意违反一些对他（她）的承诺，让他（她）自食其果，明白毁约的行为会对别人造成什么影响。

不要把不守信的人写进朋友清单，从一开始就要辨别出来，对他们关闭朋友的大门。

· 如何对待玻璃心的朋友？

给予一定的安慰，但不能拿出太多的时间花在这类人身上，同时告诉他（她）：“我对你的心情是无能为力的，你要找专业的心理咨询师。”

最好在合适的时机告诉他（她）：“你没有权利要求朋友听你无休止的抱怨，如果你不想解决问题，或者你总是重复犯下这样的错误，今后就不要跟我聊天了。”

第七章

明辨真伪，多种途径获取有效信息

谁会是信息的搬运工

随着时代的发展，我们获取信息的途径越来越丰富：互联网、书本、报纸、广播、自媒体……大量信息的涌现，在飞快地扩大我们的知识量的同时，也加剧了信息泛滥带来的头脑拥堵。信息在指数级裂变，并有将所有的领域混为一体的趋势，这加大了思考的难度。因此有研究发现：信息越多，人们的视野反而越封闭。

尼尔斯在给一些学生讲课的时候引用过一则故事：几个学生在实验室尝试不用任何工具打开一瓶红酒，总共6个学生费了一个多小时，总算把红酒打开了。接下来，为了测试几个学生的想象力，老师让学生们思考一下如何处理这瓶红酒，任何想法都行。有学生兴奋地说："喝掉它，毕竟费了这么多时间才打开！"有学生则说："干脆把这瓶子砸碎了算了！"也有的学生说："把它倒进6个瓶子里，咱们一人一个拿回去珍藏吧！"

尼尔斯让在场听课的学生们试着想象一下："你们会如何处理这瓶红酒呢？你们是一口气喝光，还是带回去珍藏？还有没有更让人兴奋的好点子？请马上告诉我！"

这个测试没有带给尼尔斯超预期的惊喜，即使是这个世界的年轻精英，对于处理一瓶费力打开的红酒也没有什么更为精彩的想法。尼尔斯听到了20多个回答，大都围绕故事中的几个学生的思维展开，就像跳进了一个挖好的深井。

后来有人问尼尔斯：“您会怎么做？”

尼尔斯回答：“我会再把它盖上。”

“呀——”他们都没想到还有这样一种想法。

这个普通案例讲的就是人们在海量信息中突破无用信息，进行反向思考的能力。生活中，我们总是愿意沉浸在享受某种短暂成果的幸福中，为自己的聪明智慧兴奋不已。我们有许多选择，却很难再有更加宽广的思考，因为我们不懂得后退，意识不到还可以向左看，向右看，甚至向后看，这些不同的方向可能更有价值。就像一群学生沉浸在打开红酒的喜悦中，却没有人再想到把它盖上一样。

“盖上”就是一个逆向的思维结果，它让人跳出了之前所有的信息指向，由自身的意志掌控了思维，而不是那些“欢乐的信息”。

除了学会逆向分析信息，还要懂得求证。用求证的方式突破信息的陷阱。在互联网时代，整个社会均呈现出信息爆炸的形态，各种消息铺天盖地，但消息有真有假，要有效地使用这些信息，首先就需要分辨它们的真伪。如果不加辨别就拿来采用，融入思考，很容易上当或者犯下错误。

例如，网络诈骗是人们最近很熟悉的话题，它就是人们在信息的海洋中迷失方向、做出错误判断的典型体现。有些诈骗的手段并不高明，根本不足为信，为什么屡屡有人上当受骗？

山东省济南市的十里河地区有一位退休职工王某，这天他接到了自称是辖区派出所的电话，说他的儿子因为涉嫌诈骗已经被刑事拘留，现正在由外地押回济南，但是因为他的儿子把诈骗来的五万元挥霍掉了，需要把这个钱还给受害者才能减轻处罚，所以对方让王某把钱汇到一个账号中。

来电显示的确是警方的号码，加之王某确实有一个儿子，整天不务正业，这就让他深信不疑。他没有给儿子打电话证实事情的真假，立刻就前往银行汇款。幸运的是，王某今年70多岁了，对于汇款的流程不太了解，便将账号交给了银行的柜台人员寻求帮助。细心的柜台人员发现情况不对，仔细询问后，立刻认定这是诈骗，就劝王某先试着联系自己的儿子。电话很快就打通了，王某的儿子正在和朋友吃饭，并没有被警方拘留。

跳出犯罪分子的陷阱并不困难，只要稍微求证一下，或打电话给警方，就能知道信息的真假。这么简单的思维步骤，生活中却有无数人直接略过。就像王某，他并没有求证，而是当即选择了轻信对方。很多犯罪分子就是利用人们的这种思维盲点，用简单的骗术屡屡得手。另外，我们还可以看到很多其他的诈骗信息，电脑网页弹出的广告、大街上的传单、手机短信抽奖……天上不会掉馅饼，没有不劳而获的事，只要不存在占便宜的心理，自然就不会轻易地上这些不良信息的当。

今天，我们不得不面对一个严峻的问题——在五彩缤纷的“拇指时代”，信息是海量的，也是过剩的，每分每秒都有无数新的信息产生出来，跳到眼前，我们该如何选择和利用？怎样做出正确的判断？

人们本能地追求掌握更多的信息，但对思考而言，信息并非越多越好。现实情况是，在解决麻烦问题的时候，我们通常只需要一条关键信息就够了，而其他大多是一些模糊而没有定论的信息。它们堆叠在一起只会增加思考的难度。有效信息的作用应该是消除我们对于事物认知的不确定性，从模糊的状态转变为确定的状态，但大量的无用信息却使这种不确定性更为变本加厉。

我们现在所处的大环境就是一个无穷无尽的自增长的信息库，可以产生源源不断的价值，同时也充斥着大量的垃圾信息。这些信息浪费我们的时间，干扰我们的思考，影响我们的生活和工作。对待这样的信息，要学会站到反向角度，逆向推演和求证，辨别信息的真伪，然后再做出最终的判断。

永远别自作聪明

总会有那么一些人，他们自以为上知天文，下知地理，不管说到什么样的话题，是不是自己擅长的领域，他们都会滔滔不绝地长篇大论一通，系统性地阐述自己的观点，以展示自己多么有才华。可如果我们要在这个房间里找一个最无知的人，他们通常会位列榜首。越是沉浸在自己的小世界里自以为是的人，往往就越无知，同时他们的头脑中也存在思维的巨大盲点。这和坐井观天、盲人摸象没有任何区别。

《荀子·天论》中说："愚者为一物一偏，而自以为知道，无知也。"意思是说，那些笨人自以为他什么都知道，这其实才是最大的无知。一个人就算博览群书，知识广博，见解高明，然而对于那些没有接触过的知识，仍然是一无所知的；即使是某一领域的专家，被视为行业的权威，他擅长的也仅仅是一个领域而已，在其他方面他可能知之甚少。比如一个经济学家，在音乐、政治及科技方面可能就是一个白痴；而一个音乐家，也许完全解释不清楚什么是道琼斯指数。

求知性的思考对我们提出的第一个要求，就是认识到自己的无知，并谦逊地对待这个世界。当你认为自己懂得很多时，你就要开始犯错误了。你越不谦虚，思维的自负指数越高，犯下错误的概率也就越大。

我认识一个人是做期货的，他戏称自己是“世界经济的海盗”，对自己在这方面的才能非常自负。前两年赶上了好时候，他狠狠地赚了一大笔钱，在美国夏威夷买了别墅，在中国的海南岛购置了庄园。后来机缘巧合下，他摇身一变又成了某电视节目的特约专家，在财经节目中向希望迅速成为投资大师的“小白”们兜售他的成功经验。再后来，他还出了一本书，对自己的专家身份进行了包装。

经过这一系列的华丽变身后，他的虚荣心急速膨胀，忽然感觉自己不得了了：“在投资领域，比我眼光强的人不超过20个，我是指全世界。”除了巴菲特、索罗斯等投资界的大神级人物，他可能谁都不服。他逢人便宣讲自己这些年的发迹史，然后指责别人的眼界是多么肤浅。发展到后来，他的视野跨出了投资行业，即使是自己一无所知的行业，他也会拿出自己炒期货那一套指点江山，为别人指出一条“光明大道”，企图说服别人按照他的建议行事。

如果有人提出了与他相反的意见，他便会非常生气地痛斥对方：“你懂什么？你知道我经历过多少大风大浪吗？”后来，人们便不再当着他的面表达自己的想法了，他的朋友都在私下调侃：“也许等他从橡树尖上掉下来，他才知道赤道的沙子是多么烫屁股！”

这一天来得很快，全球经济的下行影响着每个行业，他的投资终于失手了，在去年赔了个底朝天——房子、车子乃至股票等全部搭了进去，还欠了银行数亿元的债务。那些曾经被他羞辱的人举杯欢庆，没有一个不说他活该。

“他这人太自大了，以为自己无所不能，现在终于知道自己只是海滩上的一只怕水的蚂蚁了。”

“他一定会有这一天的，只是时间早晚而已。”

“上次我就提示过他，最近的行情不好，叫他不要冒险，但他不听，总认为自己有先见之明，听不进任何相左的意见。”

……

在经历了这次不光彩的惨败之后，这个人就从大众视野中销声匿迹了，财经节目和商业专栏中再也看不到他的身影。一起为这次失败买单的，还有那些多年来追随他的粉丝。其实他完全可以避免这次失败——如果他欲望的触角不伸向自己不懂的领域的话。但他太自信了，觉得自己什么都擅长，无所不能，现在他为自己的无知缴纳了一张天价罚单。

一个人无论多么神通广大，判断力总是有限的，因为谁也无法掌控未来。一件事情，一个项目，计划得再周密，进展的过程中也充满了不确定性，任何一个因素发生了微小的变化都有可能引发蝴蝶效应，导致全局的失败。我们的想法就一定是正确的？谁也不敢打保票，上帝也不能。

如果你的身边有这样的人，请一定要远离他。假如你被他表现出来的自信所迷惑，按照他的思路展开行动，就等于认同了他的无知，说明你也是无知的。如果你就是这样一个自信爆棚的人，从现在起就要小心了，未来的某一天你可能会突然为此付出代价。

“认识到自己的无知，是认识世界最可靠的方法。”一个人如果连自己的无知都不曾正视，那么失败就是迟早的事情。

第一，正确地评估自己的能力。

正确地认识自己，看到“思维之圆”外面的无限的世界，我们才能意识到自己的眼界有限、能力有限、认知有限，必须不断地学习、求知和探索。人们不知道自己处于怎样的水平线，眼高手低，制定的目标远远地超出了自己的能力，才容易半途而废。

比如那位做期货发家的投资专家，他完全可以继续在期货市场做得风生水起，凭借天赋和经验占据一席之地，但在别的领域他是一个不折不扣的门外汉，失败的风险是非常大的。可他总拿着在某一领域的成功经验去解决所有的事情，结果肯定是搬起石头砸自己的脚。

第二，任何时候都不要自作聪明。

自作聪明的思维让人看不到对手的存在，认为自己才是最正确的，自己看到的东西别人都没有发现。可事实恰恰相反，也许大家看得更远，自己才是那个蒙着双眼走路的人。例如在期货市场，每一个成功操作过几个项目的人都是投资或投机的专家，都非等闲之辈，未必就比那位财经节目的红人差。况且在这种高风险的行业，经验丰富也不一定就是优势，任何自负都属于自作聪明。

因此，要改正固执的缺点，去除思维中顽固不化的成分，不要认定了一件事情，就片面地看待与它有关的所有问题，忽视真正需要关注的细节。如果你认为自己是聪明人，将有很大的概率得到一个笨人的结局。

第三，得意勿忘形。

偶尔一次获得了成功，有人可能就会得意忘形了。他感觉这件事没有想象中困难，做起来非常简单。我见过一些做生意失败的人，他们都有一个共同的特点：前期一帆风顺，志得意满，但是突然间就一败涂地。为什么会这样？因为刚开始的旗开得胜，让他看低了事情的难度，认为未来一片坦途，一切尽在他的掌握之中。恰恰在这时，真正的危机开始了。

在我们取得一些成功的时候，别着急庆祝——先总结自己成功和别人失败的原因。可以假设一下，如果是自己处在那些失败者的位置，会不会犯同样的错误。

不要有侥幸心理——没有人能保证下次仍成功，要警惕因为这次成功带来的轻率和侥幸心理，要看到潜在的问题并把它们尽早解决，而不是蒙上眼睛欢庆胜利。

第四，即使获得伟大的成功，仍要保持谦逊。

美国著名的科学家、发明家本杰明·富兰克林，在年轻的时候就已经表现出了优异的才华，但是他的人际关系并没有因为才华的增加而得到扩展。相反，因为他太过狂妄自大，人们都不太喜欢他。生活中就是这样，我们总是讨厌那些不可一世的家伙。

有一天，富兰克林去拜访一位老者。当他踏进门口的时候，因为门框较低，他的头被门框狠狠地“教育”了一下，起了一个大包。富兰克林虽然很恼怒，但他并没有因此低下头，依然高昂着自己的脑袋屈身而进，展现了他高傲的性格。

老者把这一切都看在了眼里，他笑着问：“是不是很痛？”

富兰克林抚摸着自己的头说：“是的，先生，您的门框太低了。”

“不，我亲爱的富兰克林，不是我的门框太低，是你的头抬得太高了！”

听到这句话，富兰克林顿时意识到自己的行为冒犯了老者，赶紧低下头认错：“是的，先生，我知道了。”

一个骄傲自大的人，无论他的成就有多高，名声有多大，人们都不喜欢与之接触。就像早年的富兰克林，人们虽然敬佩他的发明和创造，却不认可他的品格，不愿意与之做朋友。直到他懂得了谦逊的重要性，看到了自己在知识面前其实是那么渺小，他改变了思想，调整了态度，朋友才重新回到了他的身边。

约书亚·斯坦伯格说：“我们可以根据树影来判断一棵树的大小，可以根据谦逊来判断一个人的优劣。”一个具有强大思维能力的人，在获得伟大成功之后仍然能够保持谦逊的态度，只有这样，才能获得人们最真诚的尊敬。

学会从多渠道获取信息

对于具体的问题，每个人的思考方式都是不同的，它和我们在生活和工作中的经验有很大的关系。你的思考习惯推开门，还是关上门？这决定了思维的视野。在日常生活中，最常用的思维模式是惯性思维（基于逻辑性的思维方式）——带来了经验和成功的惯例，但也具有非常强的局限性和片面性，面对一些突发事件或者较为复杂的情况时，如果无法利用现有的经验和知识解决，又没能开辟新的出路，被单一的信息渠道困住，就容易陷进思维的闭锁，最终走进死胡同。

要适应这个多变的世界，就要学会合理变通，扩大视野，用灵活开放的思考方式、多元化的思维去应对世界的多变和差异。

不要片面和保守地思考问题

片面和保守就等于封闭。一则可以反映封闭式思考的故事是盲人摸象，讲的是四个盲人，他们都很想知道大象长什么样子，但是他们看不见，只好用手去摸。他们只有双手这个获知信息的工具。第一个盲人摸到了大象的牙齿，便以为大象就像一根胡萝卜；第二个盲人摸到了大象的耳朵，他把大象形容成了蒲扇；第三个盲人摸到了大象的腿，便告诉别人，大象只是一根柱子；第四位盲人摸到的是大象的尾巴，他对众人说，大象就是一根草绳。

这四个盲人心中的大象形状天差地别，是由于他们都只摸到了大象的一部分，误以为大象就是自己摸到的样子。这就是片面性思维最典型的表现，局限在某个单一的渠道获得的信息，呈现出来的是与整体完全不同的模样。

这个故事告诉人们的道理很简单：了解事物要通过全面的渠道，要有想象力。如果只看到局部的东西就对整体妄下结论，结果便可能贻笑大方。

从相反的角度去分析信息

按照思维的惯性，我们在思考问题的时候最喜欢从正面着手，集中精力目视前方，专注于思考眼睛所看到的。因为眼睛看到的是最直观的——人们相信眼见为实，大脑不需要太多的回路就能快速地凭借第一印象得出结论。但在某些时候，最好的答案并不在事物的表面，而是隐藏在下面。

我们有时候也会发现，针对一个事物的正反面的观点都有道理，这时换一个角度思考一下，才可能发现另外一种思路。对所有的角度和观察渠道进行开放性的思考，对不同来源的信息进行综合判断，才有机会看到事物的真相。

有一只壁虎在墙壁上艰难地爬着，由于墙壁太光滑，爬到一半的时候，这只壁虎掉了下去。但过了一会儿，壁虎又爬了上来。掉下去，爬上来……反反复复，不过壁虎一直都没有放弃。

第一个看到的人说："我觉得自己应该像壁虎一样，不屈不挠，即使失败了也要从头再来。"

第二个看到的人说："这只壁虎太笨了，它应该换个地方再爬，这面墙壁明显太滑了。"

看，从不同的角度思考，就会得出不同的观点。这些观点反映出来的既是我们的心态，也是不同的思维方式——会对命运产生重大的影响。这两种观点都没有错，一个是坚持到底，一个是换一个思路。这两个人在工作和生活中的思考方式肯定也会有所区别：第一个人性格坚毅，遇到挫折通常不会轻易放弃；第二个人思维灵活，擅长创新。但在面对复杂的境况时，我们可能需要赞同第二个人的思路，因为大部分情况是换个思路就能解决的，绕开墙就可以迅速找到出路，未必每件事都需要拼命地跟"墙"较劲。

现实世界中，人与人在智力上的差别并不大。除了那些智商特别高的天才外，大多数人都是普通人。那么为什么有人能够用自己普通的智力获得较高的成就、建立伟大的功勋呢？决定这种不同的就是思维方式的差别。

不同的思维方式造就了不同的出路和不同的人生。因此人们才常说："思维决定命运。"

突破思维的惯性

高收入者在体力方面付出的劳动可能和普通人差不多（除去体育领域的高收入者）至少是不高于普通人的。甚至说，往往越是收入高的人在体力上的付出就越少，使他们与普通人区别开来的正是脑力劳动，是他们的思维方式。我们每个人都渴望获得世俗的成功，但如果你的思维运行方式出了问题，就会一直陷入某种贫穷的陷阱中。不论是精神、经济或思想上，你都可能是贫穷的。

在阿比吉特·班纳吉（Abhijit V.Banerjee）和埃斯特·迪弗洛（Esther Duflo）合著的《贫穷的本质》一书中，作者列举了许多源于世界各地的真实案例，讲述“为何我们无法摆脱贫穷”的问题。比如，书中在分析印度儿童的极度营养不良时说：“印度最贫穷的人身体很瘦小，原因很可能是其父母吸收的营养比较少，这导致儿童也会营养不良，这种影响在身高上得到了科学的印证。印度国家家庭卫生研究所的数据显示：大约一半5岁以下的儿童发育迟缓，其中四分之一的孩子极度营养不良，而在3岁以下的儿童中，每5个儿童中就有一个偏瘦。”

营养不良的最主要原因是贫穷吗？不，是缺少常识。比如在印尼和印度，有很多患贫血症的人。我们都熟知补充铁元素可以治疗贫血，然而他们并不了解补充铁元素的重要性。并非他们买不起，他们宁可多买点昂贵的食物或者买一台电视机，也不愿意节省出一点钱作为健康的投资。

在肯尼亚，国际儿童扶持会制订了一个抗蠕虫计划，呼吁家长们为他们正在上学的孩子花上几美分，接受抗蠕虫治疗，但几乎所有的家长都没有响应。在肯尼亚的研究证明，持续服用抗蠕虫药品达到两年的孩子，其在青年时期挣的钱比只服用一年抗蠕虫药品的孩子多20%：蠕虫会造成人贫血和营养不良。营养不良会影响人们未来的生活机遇，还会影响成人的处世能力。

从中你可以看到：是什么导致了人的贫穷？并非物质条件的匮乏以及经济发展的不平衡，而是人的思维方式。

人们一方面强烈地渴望改变命运，另一方面又因为封闭的思考方式主动拒绝头脑的开放。每个人命运的陷阱都是他（她）自己挖好的，他（她）也为此付出了代价。

尼尔斯的公司曾一度陷入困境，回款困难导致公司的资金链断裂，甚至连员工的薪水都成了巨大的问题。尼尔斯不得不考虑裁掉一批员工，缩减薪水和福利，只保留少数重要的岗位，来保证这部如同患了疾病却没钱付医疗费的机器正常运转。这不是一个好主意，而且这一系列措施势必会激起巨大的怨怒，对此尼尔斯心中一清二楚，但尼尔斯当时实在拿不出更好的办法，所有的商人在遇到这种情况时都很喜欢这么干。

管理层中唯一激烈反对的是尼尔斯的合伙人肖力文。他坚决地抗议，为了这件事不止一次地在会议室里拍着桌子和一群高层骨干争论。相比公司的困境，尼尔斯的“不是办法的办法”更能激怒他。听说公司准备大幅裁员时，他立刻冲进了尼尔斯的办公室。

“伙计，没有比裁员更烂的主意了，虽然大家都这么干，但这是一个烂透了的馊主意你知道吗？裁掉一批员工，意味着我们的业务要缩减，否则谁来完成那些工作？业务缩减会让我们本就捉襟见肘的账目更加入不敷出，没有业务就没有进账，我们拿什么给员工付薪水？缩减福利待遇不会给我们节省下几个钱，相反却会滋生愤怒。那些侥幸留下的员工，天知道他们是不是正在酝酿跳槽，去一个能支付他们更好待遇的公司。如果这个主意实现了，人才流失带来的损失会更大。这是个陷阱，我们会陷入贫穷。裁员是保守疗法，看似流血减少了，可会失去造血功能，将来死得更快。这么简单的道理，你为何不反过来想一想？”

最终，尼尔斯的主张在投票中胜出，赞成裁员减薪的高层骨干占据了多半。对于这个结果，肖力文和尼尔斯陷入了为期两个多月的冷战。而尼尔斯也为这次不明智的决定付出了代价——在裁员后的几个月内，公司的经营状况并未得到好转，反而急转直下，以前的老客户因为公司业务的缩减正在考虑投向其他更有实力的公司，几个骨干人员因为不满待遇的缩减也纷纷递上了辞职信。减少开支并没有成功地挽救公司，反而让问题更为严重。

最终解决掉这场危机的是一笔拖延了两年的客户回款，还有肖力文想尽办法从银行借到的一笔资金。他的想法是对的，错误的思维方式会让我们的思维陷入枯竭，保守的惯性有时会屏蔽大脑，让人看不到更好的思路。如果尼尔斯当时能够断然否决裁员的计划，力求开源而不是节流，公司也许早就从困境中走了出来。

当我们做事情没有达到预期的目标时，我们就要问自己，问题到底出在哪里，如何思考才能开窍？

· 认真总结自己的失误——思考出来的答案就是宝贵的经验。

· 同样的工作，有的人是为了生存，将之当作饭碗；有的人则是求上进，谋发展。定位不同，追求就不同。

· 不同的思路就有不同的发展，人们最后的命运也会大不一样。

为自己的命运赢得一切突破性局面的前提，在于你是否具有开放性的思考。

想想书上没有告诉你什么

我们的传统教育中始终有一种根深蒂固的观念：好好读书是至关重要的，不读书的人基本没有出路。所以人们早在学生时代就养成了拼命读书的习惯。在普遍思维中，书本知识好像可以解决一切问题。尤其是中国的年轻人，多数人对此深信不疑。但是走出校门以后，他们就会发现，理论知识固然强化了自己的思维能力，但有时书本上讲到的和我们接触到的现实不完全是一回事。

盲目相信甚至迷信书本上的知识，就可能成为一个理论丰富、分析和动手能力弱，面对实际工作时呆板僵化、缺乏创造性的人。从近几年的企业招聘情况就能看出，越来越多的用人单位更注重毕业生的个人能力和综合素质，对于专业和学历的要求，可能已经不再那么苛刻。

这就说明，高学历并不等于书呆子，但许多书呆子都有非常高的学历。

为什么读书在行，工作却平平

根据智联招聘2015年发布的应届毕业生就业力调研报告：在当年

的应届毕业生中，30.6%的人签约成功是因为他们有实习的经历，这个原因也是在所有的应聘成功者中占比最大的。从专业对口的情况来看，60.6%的毕业生选择了对口的专业，争取学有所用，而39.4%的毕业生则选择了与大学所学专业不对口的行业，书本上学到的东西这时反而用不上了。

从这些数据看来，专业对于职业生涯的影响也正在变小。我和公司的HR曾经去上海参加一次校园推介会，当然我们不是去招聘的，是去做一个年轻群体就业现状的调查。当时有成百上千的企业人力资源主管在场，我们有幸得到了几百份有效的现场调查问卷。不出意外，绝大多数企业的招聘主管表示，在学历和社会实践报告中，他们更关注那些有丰富的实习经历的毕业生，注重考察年轻人分析问题和动手实干的能力。但现在绝大多数的应届毕业生缺乏实践经验，他们通常读书很在行，却在工作中表现平平。与知识储备比起来，逻辑思维能力明显不足。

“我希望招到那些一参加工作就能独当一面的人，虽然概率较小，但我宁可耐心地挑选，因为培养一个一窍不通的实习生实在要花费太多的精力，成本过高，风险太大。”一家上海当地的外贸公司的人力资源经理说。

来自深圳的某电子科技公司的负责人直言不讳地说：“这几年我见识了太多的书呆子，他们都有过硬的学历，从名牌大学毕业，学习成绩都是A。但在面试的时候你常会发现他们存在明显的沟通障碍，有的人语无伦次，完全不知道自己在说什么。他们分析问题的思维教条而又保守，就像在背书。你看看在场的这些年轻人，他们中间至少有一半是这样的。”

说到这里，这位负责人用手指了一下现场：“你很难把眼前这个人与简历上那些漂亮的标签联系起来，眼见为实，工作需要的是敢想敢干和富有创造精神的人，不需要一个只会考试得高分的机器。所以，那些在实习经验一栏空白的人，统统不在我们的招聘范围内。”

读书（或者说接受教育）是我们从事社会活动，从而安身立命的前提。因此才有“读万卷书，行万里路”的金句。但读书不是目的，如果只会读书却不会运用，书本上的知识成了新的牢笼，禁锢了我们的思维，那么人就成了书呆子——书读得确实很多，实际经验却很少，说起理论滔滔不绝，真正做起事来却畏首畏尾，拿不出什么有效的办法。这种人惯于纸上谈兵，其实是眼高手低。他们是思想的巨人，行动的矮子。

判断信息，要与现实相结合

在美国西海岸做房产生意的道金斯先生曾向我讲述了这样一个故事：

他的公司里有个叫斯科特的员工，非常喜欢用数据解决问题。斯科特的常用口头语是“根据某调查”“某研究结果证明”“某权威机构发布的报告”……他的资料来源通常是维基百科，以及从一些专业网站上拷贝下来的分析论证。综合这些信息，他会用自己聪明的大脑进行汇总分析，然后写一份看起来非常漂亮可信的报告，在会议室内用PPT演示出来，赢得人们的一片掌声。

用数据分析问题并没有错，而且这是不错的工作经验。对于某些要求较为严谨与科学的工作来说，斯科特是值得信赖的执行者。在一段时间内，道金斯觉得这个员工相当不错，是个肚子里非常有学问的聪明人。然而这种良好的印象并没有维持多久，斯科特的问题就突然暴露了出来。

公司准备购买一块土地，计划在那里开发新型社区以及附带的商业区。这个项目还在讨论中，因为市场风向总会变，他们需要再次进行具体的考察研究才能最后定下来。斯科特迫切地想要证明自己的价值，他强烈请求成为这个项目的负责人。基于他过去一向严谨的工作态度，道金斯决定给他一个机会试试。

道金斯说："我准备考验一下他。"他要求斯科特提供一份有强大说服力的报告，证明这块价值数亿美元的土地值得购买。这需要依靠大量的数据以及前景分析支持，斯科特在这方面做得很好，他提交了一份足有一百页厚的项目评估报告，并组织了内容丰富的演讲，想要一举说服道金斯。

在斯科特的分析中，有必要在此地投资社区与商业区的原因是，这完全是一个躺着赚钱的项目，风险微乎其微，前景一片看好，开发潜力无限，未来5~20年的收益将会持续翻倍。

"你有没有打听过最近的政策？"道金斯问他。

"当然，联邦政府对经济发展的支持一向是不变的，何况我们要建的是具有环保理念的居住及商业区，不是废水处理厂。"斯科特信心满满地说。

"你的数据很漂亮，我无法反驳。但我刚刚得到了一个消息，这个消息是一周前的新闻，就是我向你交代任务后的第二天刊登在媒体上的，有位议员建议在那片区域建立一座重刑犯监狱。虽然这个消息尚不确切，但我不能拿上百人的饭碗冒险。我不认为有人会愿意和一群重刑犯住在一个社区。如果没有人买房子，谁去光顾你的商业区？除非你能拿出强有力的证据证明那个消息不是真的。”

斯科特顿时目瞪口呆，他完全没有了解过政府政策，甚至没有实地考察过这个项目的可行性。他接到任务后，满脑子都在想如何组织商业语言说服老板，仅仅凭着从网上查来的数据，就妄图拿下一个几亿的项目。他对最新的消息缺乏关注，反映了他在思维方面的死板。

从这件事上，道金斯发现斯科特其实是个书呆子——他不是一个思维敏锐的人，也许他更擅长做资料整理和数据分析的支持类的工作，但让他负责一个项目的具体运营，完全就是在拿自己的钱袋子开玩笑。

我们在工作和生活中要用到的大部分东西都是书本上没有的。书的作用只是让你知道一些事情，但没有教你如何去行动。我们读完一本书，从知道到行动还需要完成一个质的飞跃。想要完成这个飞跃，必须进行大量的灵活的实践。正是在实践的过程中，一个人的思维特点暴露无遗。有些人读的书不少，讲起理论来头头是道，然而一旦放到实践中，他们就会暴露出自己保守僵化的短板。

时刻保持主动提问的态度

现在几乎所有的主流观点都在强调执行力，鼓励人们提升自己的执行能力，进而提高工作效率。的确，执行力是一项很重要的技能，起码一个缺乏执行力的人不论在任何行业都是不讨人喜欢的，因为执行是工作的基础，是老板对雇员的第一要求。

但我们也应该意识到，问题的解决不仅取决于实际的行动，更有赖于问题的提出——“提出问题”才是首要的问题。如果你不会提问，不会主动地分析，就不清楚问题出在哪里。即使你的执行力再高，也只是隔靴搔痒，解决不了实质性的问题，因为你缺乏对事物的关键问题的发现能力。

不会提问的人通常有以下特点：

第一，盲目。

思维僵化，看不到问题，也意识不到一个错误的决定会对工作产生什么样的负面影响。他们处理问题时盲目乐观，经常过于高估自己的能力。虽然执行的欲望强烈，行动的意志强大，可总是白忙一场，基本没什么收效。

第二，害怕。

如果一个问题牵扯到别人的面子或者是复杂的利益问题，他们往往缺乏端正的态度，推脱躲藏，逃避责任，睁一只眼闭一只眼，不能很好地解决问题。

第三，迟钝。

一方面，对问题的反应太过迟钝，解决问题的思维反应太慢，赶不上问题的变化。特别是一些棘手问题，他们容易犹豫不决，束手无策，甚至会导致问题扩大化。另一方面，他们经过分析之后的选择能力也是平庸的，经常难以做出决定。

要打破“只负责执行”的思维惯性，学会发现问题并且提出问题，因为发现不了问题，就解决不了问题。带着问题去执行，目的明确，效果显著。就像警察抓犯人一样，如果没有提出问题的能力，如何根据犯罪现场推演出犯人的特征、动机，从而精确地定位嫌疑人并实施抓捕？

提出问题并不是简单地发出一些疑问，我们的大脑要深入到问题的内部，发现那些表面上看不到的深层次的东西，因为很多问题的本质并不会简单地摆在桌面上等着你去发现它，真实的原因往往隐藏得很深，它还会与你玩捉迷藏游戏。当你感觉到所做的事情不顺利或者不知道哪里有些别扭时，这就是我们的工作出现了问题——要及时发现它，解决它。因为这是工作对我们大脑的重要提醒，在执行初期便应该引起重视：它可能是思维对问题的误解，也可能是经验的陷阱。此时，我们要尝试换一种思路，深入问题的内部，找到出现问题的症结，认真地钻研和思考，这样才能得出正确的答案。

对问题进行界定

提出问题的过程就是对问题进行界定的过程，其间的思路会影响整个问题的解决和事情发展的方向。

有一位大二的学生不久前给我发来一封邮件。他说自己没有朋友，周围的人都不关心或不了解他，这让他感觉烦闷。他觉得这个世界的基调是冷漠的，人们都关在自己的狭小空间内互相防备。

他情绪化地说："人类变得越来越自私了，让我失望。"

这位同学对问题的界定出了错误，他把问题的症结归咎到社会和别人的身上——所有的不适与挫折都是外界因素引起的，却没有反思自己的问题。在邮件内容中，他也只是阐述了一种主观的结论，没有任何理智的分析。

在回复给他的邮件中，我问了他几个问题：

· 你有没有问过自己，自己平时接触和交流的人多吗？是逃避交流，还是别人不跟你交流？

· 你有没有定期地参加过一些社交活动？是否主动去结识和了解朋友？

· 你有主动地向人们展示自己的善意和优点吗？

· 你应该换位思考一下，你愿意主动接近一个自己不了解而且性格内敛、拒绝交流的人吗？

通过思考和分析这四个问题，这位同学渐渐找到了问题的症结。就是说，他应该先从界定自己的问题着手——答案不在别人那里，而在他自己身上。在界定问题时，要有客观分析的心态，不逃避责任，不情绪化地看待世界，才可能最终找到问题的答案。

要有积极解决问题的态度

在这个世界上没有什么解决不了的问题，只看你想不想去解决而已。我们对待过去的态度决定了对待未来的态度，反之也成立。在本章中，我们要发现并懂得使自己具备积极、求知、开放与实干的思维，以一种入世的上进心对待人生中的各种问题。

十几年前，尼尔斯的公司刚成立时，生意一团乱麻，前景一片灰暗。那时他不得不面对诸多问题，上到重大决策，下到团队的工作餐具体跟哪家餐馆合作，几乎所有的事务都要他处理。有时候遇到一些特别棘手的麻烦，他脑子里跑出的第一个念头常常是："我不想管了，随便吧！"

但他渐渐发现，放任自流的消极态度带来的不是万事省心，而是万事缠身。越是这么想，麻烦解决起来就越困难。因为一旦缺乏积极面对的勇气，人的内心就会对工作产生强烈的抵触情绪，体现在行动上就是不断地拖延，体现在思维上就是保守。后来，他开始强制自己第一时间面对问题，绝不让麻烦过夜，用最积极的心态与问题搏斗，情况才得以好转。因为在积极的状态中，心态越正面，思维的创造性就越强，许多好的想法与办法逐渐转化为可行的方案，问题就被一个接一个地解决掉了。

他经常问自己，什么才是问题？是工作组A与B之间的摩擦？是理想与现实之间的矛盾？如果是，那么问题的存在就很客观，因为工作中的矛盾与奋斗中的困惑是普遍存在的，这些问题不可能自己消失，需要我们逐一去解决。如果你放任不管，就可能为后续的工作乃至生活带来更大的麻烦。

这是最关键的——解决问题的关键不只是能力的大小，还有对待问题的心态。端正心态，用积极的态度去解决，后续的麻烦就少；反之，任由负面信息和大大小小的问题蔓延发展下去，未来的麻烦将接连不断。

时刻保持对问题的敏锐

解决问题的关键环节就是及时行动，而非坐视不理。这要求我们对问题要有敏锐的发现能力。有的问题是显而易见的，一眼就能看到；有的问题则隐藏至深，不容易发现，或者它只是给你一些微弱的信号，考验人们的观察能力。

我们都知道，很多问题的形成都是从小到大逐步延伸，就像身体的疾病一样，越早发现并去解决它，损失就会越少。如果不能及时地发现和解决，到最后就可能发展到无法挽回的地步了。

我们要学会这样一种思考方式——看到问题的第一时间不要立刻得出最终结论，因为这极易导致片面的、情绪化的与主观倾向性的认知。人们平时习惯于从原因推出结果，但更多的时候，你要学会由结果逆推出原因，打破之前思维逻辑的惯性。这不是一个解决问题的工具，但能帮我们更客观地分析问题。如果逆向推理的过程是说不通的，无法由某个结果推出合理的动机，那么这个结果可能就是有问题的。

第八章

管理情绪，提升自我的内在竞争力

减少无效思考，降低焦虑

波特教授说：“为什么收入越高，生活越好，人们的焦虑就越严重呢？”他主持的一项心理学调查项目对全球20座主要城市的上班族进行了长期的跟踪采访——他们是年龄介于21到28岁之间，收入介于温饱与中产之间的人群。调查结果让他十分吃惊，虽然他预料到焦虑是现代社会普遍存在的现象，但是焦虑人群的比例却远远超出了他的想象。

“有明显持续焦虑感的人超过65%，有轻微焦虑感的不足8%。”项目成员尼古拉斯说，“剩余20%多的人群患有严重的焦虑症，情绪处于强力的压制之下，我在采访中就能感觉到，他们的坏情绪随时都会爆发。”尼古拉斯在这个调查项目中主要负责收集、汇总数据，确认邮件的真实性，电话回访等工作，他与上百名受访者有过电话交流，对他们的心声感同身受，因为他自己也遇到过情绪管理的难题。

焦虑感似乎成了这个时代无法消除的副产品，不管是身家百亿的成功企业家，还是收入微薄的工薪阶层，压力都与他们如影随形。这种焦虑的体验并没有固定的对象和根源，生活和工作节奏越快，它的影响就越强。

到处都是焦虑的“味道”

小吴是我的一个朋友，他失眠有一年多了，这是一种痛苦的折磨。虽然他每晚睡觉前都会按时吃下一片安眠药，但还是会在深夜1点多突然醒来，辗转反侧，无法入眠。直到凌晨5点左右，他才能恍恍惚惚地再睡两个小时，然后爬起来去上班。在地铁上，他总是感觉天旋地转，头晕恶心，一直到进了公司才能稳定下来。那是因为公司到处充满了竞争和厮杀的氛围，容不得他有喘息的时间。

他说：“让我决定改变这一切的动力并不是什么突然的警醒，而是前不久升职后，我每天都有了许多面对下属讲话和跟客户沟通的机会，我近距离地接触行业内的权威，向他们学习。这种变化让我暂时缓解了焦虑，但时间一长，我发现自己的自信心没了。面对业内优秀的前辈，我对自己越来越不满意，到一定程度后，我觉得必须改变现状，希望自己能从心理上解决问题。”

后来，小吴在我的帮助下马上为自己列了一张情绪清单，把内心所有的情绪都写在了纸上。

A.自卑：感觉别人都比自己优秀。

B.不安全感：担心事业的前景。

C.焦虑恐慌：总觉得时间太紧张了，害怕被人超越。

D.压力大：工作太多，加班也做不完。

然后，我和他一起逐条分析——

关于A，都有哪些人比你优秀？列出名单，写在清单上，和自己工作范围内的所有关系人（包括同事和下属）比一比，优秀的比例是多少？如果仅有10%，你怕什么呢？说明你不是很差。

关于B，你应该学会把思考的重点放到提升自己的能力上，不要在意自己在公司内的生存危机。当你自身的能力提高后，事业自然会有所发展，不必担心有多少人会超越你。

关于C，有上进心是好的，但人有时候应该向后看一看，而不是总盯着前面。看看被自己超越的那些人，是不是心里会平衡很多？当你被宣布升职时，我相信昔日的同事中有更多的人会感到焦虑，这说明应该恐慌的人并不是你。

关于D，当你用情绪清单了解到焦虑的根源后，是不是也能用工作清单来减轻自己的压力呢？工作永远是做不完的，重要的是制定合理的工作规划，按部就班地完成每日的计划。

为自己找一个改变的机会。首先要帮自己找到一个改变的契机，比如升职、降职等可以产生强烈刺激的事件。这时候我们决定改变，会对负面情绪有较深的认识，能够列出一张比较全面的清单。

不要逃避，逃避是焦虑的温床。焦虑时，很多人的第一反应就是逃避，找个避风港躲藏起来，不敢正视问题。可逃避恰恰是焦虑的营养，你越是躲藏起来，潜意识里积累的负面情绪就越多，因为一直没有释放出来，等达到一定的量，突然爆发出来，后果往往是难以预测的。

需要注意的是，采取行动之前我们需要看到它长什么样："我因为什么而焦虑，因为什么而充满担忧？"就像小吴，他通过清单观察到了焦虑情绪的来源。小吴说："我看到它了，就写在纸上，这四项情绪决定了我生活中80%的不快乐。这张清单让我战胜了悲观，因为看起来解决它们不是太难。"

然后，你要开始行动。心理学中有许多战胜焦虑情绪的方法，我们平时也有整理情绪的本能，比如深呼吸、休息、娱乐等。这并不难，清单能够发现它们，也能替你总结一些方法。更重要的是，你要有解决问题的信心，在思考时不要含混不清，在下决定时不要优柔寡断，否则将影响你做任何事情的效率。

用清单保持乐观心态

作为加拿大蒙特利尔大学的心理学博士，道格斯一直从事思维及潜能开发方面的研究。他认为，通过清单式的思考，人们可以减少大脑活动的时间并且预知清晰的前景，保持平稳及乐观的心态。清单的第一个作用是减少无效的思考时间，第二个作用就是降低焦虑，拓宽我们的思维视野。

他希望从生理上探究根源，并为此列了一张清单——从大脑开始，到思维结束。他说："人类思维的核心区域一直是未解之谜，我们当然希望能逆向研究。在80名参加实验的志愿者中，我们分别提供不同的思考情境，同时对他们的脑部进行扫描，观察里面的电波活动。如果有清单协助的人电波活动更少，思考效率又更高，是否意味着他们的情绪波动就会更少呢？"

实验证实了道格斯的判断。随后，项目组又测评了参与者的乐观心态、焦虑感和抑郁感的数值，对其他情绪状态的程度高低也进行了全面的测试，得出的结果都证明了清单的价值。"我没想到是这样的。"他说，"乐观心态和焦虑感竟然都会受清单影响，这是不是告诉我们，大脑天生热爱清单，意识也是一个符合逻辑的自成体系？"

意识的反应让我们有能力应对各种复杂的突发状况，这么说是没问题的，但它工作的机制也是清单化的吗？显然，扫描实验在某一个层面让结果倾向于我们的判断。意识天生喜欢懒惰，它对凌乱和复杂的东西有天生的抗拒，这决定了我们总是对缺乏秩序感的事物感到头疼——这时思考的效率就会下降。

丹尼尔是波音公司飞行理念的缔造者之一，他参与设计了波音飞机的驾驶控制、显示系统以及清单系统。对此他说："飞行手册中的许多内容也许一辈子都用不到，可一旦需要使用，它就能拯救飞行员的性命。"这些清单内容通过训练存入了飞行员的意识——如果有紧急情况，这个清单就会帮助飞行员，而飞行员将不用在生死关头还要思考如何才能想出救命的办法。这一切都不需要，因为清单已经为飞行员准备好了。

道格斯博士的总结是："一项任务所需的思考时间确实是和焦虑感相关联的，我们应该做些什么才能降低这些该死的坏情绪呢？你仅有乐观的态度是远远不够的，就好像孩子一生病我们就给她吃巧克力一样'嗨，吃块巧克力你的感冒就好了。'真的吗？乐观的心态当然是因素之一，但乐观是怎样产生的？这才是我们应该关注的部分。"

· 清单让人们保持乐观的心态：有一份方向明确、方法务实的清单，可以让我们产生乐观的心态。这是乐观的种子，因为它加快了我们思考的速度，减少了无谓的精力消耗，加强了目标的可视化、可行性。通俗地说便是，伸手可得的东西才让人们感到高兴。

· 减少思考时间就是在提高效率：用于思考的时间减少了，就等于单位时间的产出率增加了，我们获得了更高的思考效率，才有可能产生持久的积极心态，减少那些消极的思想。

别让负面情绪吞噬你

你每天都会遇到许多不开心的事情，比如明天要交报表，加班到晚上10点钟了，但距离完成还遥遥无期；后天要和客户签合同，还没谈妥价格；再有几天要交房租了，却还不到发工资的日期；快到女朋友的生日了，结果两人开始吵架和冷战……这些负面因素经常出现在我们的生活中，影响心情，制造坏情绪，它们会让你的生活和工作都不快乐。就像漫天飞舞的蚊虫，在耳边嗡嗡直叫，驱之不去。

怎么解决这个问题？前两年，尼尔斯去圣地亚哥一家公司探访，一进去就看到大厅正中央刻了一行字："When you are full prepared, you will be confident."（当你准备充分时，就会充满自信。）他们的总裁告诉尼尔斯："如果想自信、快乐地工作，就要充分准备。"这件事给他很大的启发，那段时间他正好满世界跑，平均每周要探访两家企业，旅途劳累，工作强度大，需要处理的事务一件接一件，心情很差，两个助理也累病了一个。自信和快乐，是那时他的团队最缺乏的。

后来，他在缅因州的一家公司停了半个月，有了喘息之机。他待在酒店，几乎全部的时间都花在了整理情绪、恢复心情上。尼尔斯听着音乐，喝着咖啡，控制节奏，不慌不忙地梳理完这半年来的行程，把探访过的公司及其基本情况列成一份工作清单。最后，他对着录音笔讲述自己的探访心得，讲一些就回放一下给自己听，对不满意的地方重新修改，直到让自己满意为止。

这很花费时间，但他要的就是这个效果。时间是情绪最好的平复剂，随着心情慢慢沉静，他有了条件去总结和挖掘这段时期负面情绪的诱因，去激发内在的力量来修复它们，并借这个机会来提高自己的修养。你准备得越充分，效果就越好。圣地亚哥那家公司的标语此时起了作用。

把所有的负面因素列出来

在那段休假中，他列出了导致自己坏情绪的全部负面因素：

· 安排得过度紧凑的行程表从一开始就制造了紧张情绪。

· 没有提前准备好客户清单，有些工作没达到预期效果。

· 经济形势的下滑，引发了我对公司业务的担忧，这种担忧从一开始就在影响情绪。

· 管理上的一些问题，让我的脾气有些急躁。

这是四个主要的方面，还有大大小小十几条让人烦心的因素，他全部写了下来，然后发电子邮件给科斯塔看。不一会儿，科斯塔回了一句话和一个附件："我和你一样。"附件是他的情绪清单，整整三页，全是他在美国的这一个月内遇到的不顺利的事情，还有他解决的方法。他认为，不少负面情绪的摆脱是没有方法的，主要依靠时间自然平复。

最可怕的不是你有多少负面情绪，或者你遇到了多少难题，而是它们就像雾气一样渗透在你的体内，不能用A、B、C、D的方式总结出来。它们无所不在，你没有办法对症下药。所以我经常听到尼尔斯说："凡是能说清楚的问题，从来都不是问题。但是，就怕你说不清楚。"

思考针对性的方法

容易紧张的人，体内由于长期的情绪波动形成了一种焦虑的特质。通俗地说，焦虑有了记忆功能，每当遇到相似的情境时，它在潜意识中便会重生，久而久之，就形成了一个人的焦虑性格。因此，长远的解决办法是根据情绪清单列出来的因素，针对性地改善，去掉焦虑源，才能真正提高我们的情绪管理水平。

在邮件中，科斯塔提到了专注力训练。这是他和尼尔斯开展了9年的一个潜意识课程，同时，它也以他和尼尔斯生活中的注意力清单为基础，对所有可能影响注意力的因素进行分解，提升人的专注度。不过在我看来，专注力训练只是情绪管理清单的第一步，虽然它确实重要。

· 训练专注力。

先从关注身体某一部位的感受来开始训练，比上来就强制集中精神上的注意力要容易一些。因此，瑜伽成为一个训练专注力非常好的运动，你可以伸展胳膊，也可以拉伸腿部。在注意力不集中时，就突出身体的某一部位，提醒大脑关注它。这个过程可以持续30分钟，让大脑形成一种凝聚注意力的协调机制。

· 疼痛疗法。

在纽约的一次活动中，尼尔斯建议几位职业经理人暂时抛开华尔街道琼斯指数的涨跌——这让他们太焦虑了，有种近乎崩溃的征兆，他建议这些人采用疼痛疗法。这并非用利器或电流伤害肉体，而是请健身教练为他们量身打造一些会让身体感觉到疼痛的动作。这些疼痛大到什么程度呢？尼尔斯说："至少会比股市指数下跌给你们造成的痛苦更大。"但坚持几天后，他们自述好像没有那么痛苦了，同时，道琼斯指数带来的危机也烟消云散。

是身体的疼痛感减轻了焦虑吗？你千万不要这么认为。身体的疼痛并不能减轻焦虑，而是它促使我们对焦虑的容忍度提高了。尤为关键的是，在情绪的冲击波达到最强时，身体的疼痛感转移了大脑的注意力，给了我们的潜意识集中资源消灭焦虑的机会。

· 信任自己。

当你开始信任自己的思考及身体的自主能力时，你就可以做出一些意想不到的举动，比如意志力的迸发总是在一个人超级自信的时候出现，而不是在他自卑、消极和失落的时候。不管是身体还是心灵，当你能够信任自己时，随着信心的增强，情绪都能逐渐从负面转向正面，从消极过渡到积极。因此，在情绪清单上，自信始终都排在一个非常重要的位置。

· 放松，再放松。

你要为自己寻找一种放松但并不松弛的感觉，在自觉情绪不对劲时，找个地方坐下来，闭上眼睛凝神至少30秒钟。如果有条件，最好是在能听到舒缓音乐的安静之处，比如咖啡厅的包间和书房。每当情绪波动时，让自己在这样的空间待上5分钟，就能够较为迅速地平复情绪，稳定心神。

· 从宏观的角度想想你的焦虑。

从更宏观的角度思考带给你负面情绪的因素，了解一下那些能够减轻焦虑、愤怒和悲伤的条件，然后问一问自己："如果我把眼光放长远一点，结果又如何？"有许多事情都属于这种情况，它们本身并不是失败，也不是问题，是我们自己因急躁、冲动和短视的思考把它视为负面因素，从而出现了情绪问题。

总的来看，每个人都是独一无二的个体，这张清单上的5个辅助思考的方法并不一定适用于所有的人。为了找到情绪失衡的病根，你要不懈地努力，客观、如实地列出清单，然后耐心地寻找适合自己的方法。说到底，有意识地改变和主动地思考是让你调和坏情绪的灵丹妙药。为了实现此目的，要勇于尝试性地行动，不断地前进，不断地反思和总结，把更多有效的办法补充进自己的情绪清单，加深对问题的理解，提高对挫折的承受力。

提升意志力，远离情绪化

意志力到底是什么？尼尔斯曾对纽约一家公司的韩国籍的企业管理者王先生说："我知道你特别喜欢发脾气，下属惧怕你，同时又很讨厌你，背后给你起了很多绰号。我也知道你非常想改掉这个毛病，经常找员工谈心，试图安抚他们的情绪，但越这样他们就越害怕，因为不知道你想干什么。你抱怨这种主动示好的策略没有效果，是吗？这是因为真正的意志力不是外向的，而是内向机制，是你准备向员工发火时拉住你的那只手，是你想放弃时在后面推你一把的那股无形的力量。"

王先生在业内如雷贯耳的名声源自他的大嗓门和动不动就发火的急性子。在他的情绪清单上也许只有一条：喜欢骂人。在尼尔斯去他的公司参观并帮他培训员工时，尼尔斯就听到了许多针对他的小道消息。有员工说："他何止是偏执狂，还是虐待狂，我敢肯定他到美国来不是为了工作赚钱，而是逃难。韩国人把他赶出来了，这种人不管在哪儿都是不受欢迎的，只能在外面流浪。"

瞧，说得可真难听！但代表了大多数员工的心声。说到这种现象，王先生便愁眉苦脸，有些手足无措。在他的公司，尼尔斯仔细观察了他和员工相处的全过程，从工作的决策、问题的商讨到流程的监督，尤其是当工作出现错误时他的态度和采取的手段。尼尔斯的调查助理用厚达32页的问题清单为王先生画了一幅真实的素描——他的确需要为自己量身定制一张意志力清单了，否则他只好离开这家公司——也许会成为该公司历史上第一位被员工赶走的高管。

关于专注、自控与效率

为什么保持专注力和自控力成了这么难的一件事情？比如：

·情感生活中和伴侣陷入无休止的纠葛，一旦吵架就演变成一场失控的互相指责的批判大会。

·减肥计划制订了一个又一个，体重却总是反弹，甚至比以前还要胖。

·每次都控制不住消费冲动，看见喜欢的商品就不由自主地掏出钱包。

·把宝贵的时间都用到了社交媒体和在线娱乐中，引起家人的不满也毫不在乎。

·明知是不对的，却仍然乱发脾气，经常把出于友善来相劝的人也谩骂一通。

这一切的失控与放纵，都是你没有一张意志力清单的缘故。你要知道，决定一个人能否成功的后天因素中，意志力是排在第一位的，它比天赋重要，也比人际关系和家族背景更能起到决定性的作用。根据尼尔斯团队的了解，排在世界前100名的富豪中，有91位都在采访或自传中专门提到了强大的意志力对他们的成功所起的作用。而且，他们均有自己的意志力清单，擅长通过一些正确的训练巩固和提升意志力，达到控制情绪、保持冷静思考的目的。

长期以来，人们都觉得意志力强似乎是卓越人物才具有的品质。但是，世界顶尖的心理学家波特教授告诉我们，意志力是每个普通人与生俱来的东西，它不仅是心理科学研究的对象，也是一种情绪管理的重要法宝。只要你从现在起就思考和检查自己的意志力，写下关于它的清单，迈出第一步，你就可以成为自身情绪的主人，不再受那些坏情绪的控制。

·意志力需要经常锻炼。意志力隐藏在潜意识中，捉摸不定，让人难以在脑海中画一张它的图像。它好像是虚幻的暗能量，但它也像肌肉一样，经常锻炼就会得到增强。所以我们要时常使用它，检测它的能力。这要求你在适当的时候鼓起勇气，抵制那些曾让人沦陷的诱惑。第一次失败了没关系，接着尝试。随着它的变强，你最终就能够以一种稳定的心态控制那些影响情绪的因素，做到对它们视而不见。

·意志力不是无限的。它就像地球上的石油资源一样，总量不是无限的，你用一点儿它就少一点儿。这决定了我们要把宝贵的意志力用在最重要的事情上，集中精力去做那些有大产出的工作。需要注意的是，当一些坏情绪露出脑袋开始作乱时，你的意志力最为薄弱。看看你的情绪清单，记住它们的名字，小心对付。越是这种时候，越要采取保守战术，阻挡诱惑，不给自己接触那些诱惑的机会。在尼尔斯对自己和下属的管理中，就有一条规定：晚上10点钟以后不得去酒吧等场所。这条规定很好地替尼尔斯和员工保护了意志力，防止它被没有节制地滥用。

·用任务清单加强意志力。在平时生活和工作中，要善于通过完善有效的任务清单来管理自己，让每件工作都比较顺利地完成，心情愉快，意志力相对也会增强。就像尼尔斯对王先生的建议——做一份不能做什么事情的任务清单，规定他坚决不能发脾气的事情，他不需要过多思考，只要遵照执行就可以了。几周以后，他便发现自己的情绪改善了很多，以前经常骂人的习惯也改掉了。

意志力清单的要素

· 你要了解自己的极限。

明白自己不是万能的，更不是无所不及的。意志力的供给不可能源源不断，因此别给自己制定过高的任务，它在透支意志力的同时，还会在遇到挫折时打击你的情绪，让你乐观不起来。

· 你要关注意志力的透支状态。

当你做一件事情，需要运用意志力时，要先看看自己的精力——给当时的体能、关注力及能力等各方面的因素打分，如果得分太低，说明此时意志力已经透支了，别再强迫自己冒险。这时你要做的是休息，通过休息来整理情绪，重新给意志力充电，重新储备能量。

· 你要设定意志力的培养目标。

在培养意志力时，建议从低至高列出目标清单，比如你想健身或者学习一种新的技能。在规划任务和开始行动时，最好从对意志力要求较低的环节起步，慢慢提高难度，循序渐进，从小事开始，而不是妄图一口吃成胖子。

· 你要用任务清单来分配意志力。

每当我们想忽视某个未完成的任务时，这项任务就会像一只讨厌的苍蝇一样不停地在脑海中打转。这种现象在我们身上普遍存在，如何解决呢？把这项任务写在清单上，规定完成时间和执行步骤。当意识放松时，这只苍蝇就飞走了，心情就能平静下来，你就不用再高度紧张地调配意志力，来应对这种烦人的情绪。

· 你要小心错误的计划。

不管我们是否努力和明智，错误的计划总会出现。我们都倾向于乐观地看待未来，营造积极的氛围，但与此同时也高估了自己达成目标的能力。所以越是形势一片大好时，就越要小心那些错误的计划。你可以想一想自己过去完成类似的计划所经历的过程，是不是有被当头浇一盆冷水的教训？为了避免这种情况产生，你可以请求有经验的人（同事或家人）帮助审查你的计划，提供有益的指导。

· 你要善于巧妙地使用拖延的工具。

推迟满足感策略被广泛使用，它是一种十分奏效的锻炼意志力的工具。比如，当你非常想停下手中重要的工作去户外参加一场业余的足球比赛时，把这件事写在清单上，告诉自己完成工作时再考虑一下。也许当工作完成时，你对足球比赛已经毫无兴致了。

· 你要在关键时刻强迫自己。

另一个稍显粗暴的策略是开列一张强制计划清单——写明接下来一段时期内必须在规定时间开始和做完的事项，并为此专门留出时间，时间一到强迫自己马上开始，不允许同时做别的事情。这是激发我们的意志力的关键时刻，要么成功，要么失败，没有第三种可能。每当成功一次，你的意志力就加强一分，最后在清单工具的帮助下形成好习惯。

· 你要有一张监控清单。

不管我们的工作进行到哪一步，情绪如何变化，细节的监控都十分关键。针对这些细节准备一张监控清单，记下每天的详细数据，定期复核总结。它总能在你得意忘形时让你看清现实，明白自己未来应该怎么做。单纯的一种清单，它的力量是有限的，必须多种清单同时使用、综合利用，才有可能调动我们的积极性，激发人本身的主观能动性，管理好自己的情绪，保持对生活和工作的专注度。

学会放下，也很重要

马云说：“人要取得成功一定要具备永不放弃的精神，但当你学会放弃的时候，你才开始进步。”不放弃让你向前看，但放弃却能让你轻装上阵，真正获得未来。

如何理解这个观点？生活中，我们总会面对很多的欲望、冲动和方方面面的需求，但同时也要面对更多的取舍：“我是必须没有退路地去做，还是可以早早地放弃？”这既是知足心与欲求心的博弈，也是一个人对不同的思维模式的选择。很多时候，我们不得不放下一些东西，虽然放下是艰难的，但有些东西紧紧抓在手中也未必不会失去。暂时的舍弃能帮助你赢得更多的回报，减少你的焦虑情绪。

这不是单纯的取舍问题，因为在做出取舍决定的过程中，真正发挥作用的是我们的思维。换句话说，一个人如何思考，决定了他会怎么选择；一个人如何选择，决定了他（她）的人生走向哪一个方向。

有些事情放下了，就解决了

上海的赵先生曾向我讲过他自己的一个故事，他说：“我有教训和经验，有痛彻骨髓的体会。放下思维策略并不代表让你不争，而是追求真正的平静，让事物回到它应有的样子，使自己心安理得地享受健康的生活。”

赵先生在几年前离婚了，前妻获得了女儿的抚养权，并去了另一座城市。为了尽量减少离婚给孩子带来的伤害，赵先生的父母会定期地把孙女接到家乡小住几天。但是这种平静的生活并没有维持多久。有一天，赵先生的前妻忽然带人闯入家中，强行带走孩子，并且推倒了他的父母。骤遇此变故，赵先生的母亲昏厥过去，被急救车送进了医院。

这当然是一件让人气愤的事情，对方处理这件事的方式粗暴无理，也并不必要，因为他的前妻完全可以通过合法途径减少赵先生一家人对孩子的探视时间。远在外地的赵先生接到这个消息后极为愤怒，脑海中顿时涌现出无数报复的想法。事情刚发生的那几天，他整宿地失眠，既对对方的做法咬牙切齿，也对自己的无能为力感到羞愧。

接下来应该怎么办？因为牵涉到孩子，类似的事情处理起来总是很有难度。如果毫不退让，后果很难预测，未必就能争取到自己想要的结果。但是如果退让呢，会不会显得自己很窝囊？在经历了一番激烈的思想斗争和换位思考之后，赵先生决定将此事冷处理，即放弃采取同样激烈的手段，而是把事情搁置一段时间，再用温和的处理方法解决。

如果他去找对方理论，以牙还牙，结果会怎样？

第一，对方避而不见，他的愤怒无处施展，他只会对此更加生气。第二，如果以牙还牙，双方可能会打得不可开交，最后使这件事的性质发生改变。即使他再有道理，也要为自己的行为付出法律的代价。第三，无休无止地冤冤相报，受伤害最大的还是他的女儿。

如果他自己不出面，交给律师去处理，结果会怎样？

第一，他能够避免与对方正面发生冲突，让律师从法律的角度去处理这件事情，既能给对方必要的法律教训，也能让自己压制的怒火得到释放。第二，孩子幼小的心灵能够避免受到二次伤害。第三，就算暂时见不到孩子，但女儿向来和父亲感情深厚，她总有自由生活和独立做决定的那一天。到那时，他作为父亲，总能赢得孩子的理解。对他而言，未来是光明的。

通过换位思考，他理解了对方的需求，然后放弃了自己的某些要求。

最重要的一点是，在事情的处理过程中，赵先生没有只考虑自己的要求，而是站在对方的角度对整件事进行了重新思考——他听说前妻就要再婚了，她可能想要孩子更多地在新的家庭中生活，尽快融入新的环境，但与赵先生的沟通不畅，才会做出这种鲁莽的事。

后来，对方又向赵先生的父母当面道歉，给予了一定的经济赔偿，在探视权上也做出了法律的承诺和保障。因此，赵先生用自己的“放弃”获得了一个满意的结果。假如他在事件发生的第一时间就大举报复，会发生什么将难以预测。

他说：“原谅一些人、一些事，放弃一些东西是非常艰难的，如果你不亲身经历，永远无法体会到那种需要放弃的痛苦。但为了最终的目的，你不得不放下一些东西，恢复内心的平静。仇恨、愤怒、报复、不顾后果、索取……这些只会让你变得面目狰狞，到头来你会发现，失去的远比得到的更多。所以在很多时候，我们的思维方式对命运的改变是决定性的，如果我当时采取了另一种不退让的解决办法，现在的局面也许是失控的。”

放下执着，就是放下焦虑

能够放下，远比能够拿起要值得我们敬佩。放下的结果是轻松，可放下的过程却意味着要违背欲望的要求，做出一次痛苦的选择。放下恩怨，也要放下不必要的执着——内心那些繁杂的、凌乱的与不现实的欲望。放下它们，就是在清空我们的头脑，让思维变得清晰、专注、务实与沉静，让思考从此简化，并高效率地处理那些真正富有价值的问题。就像过河一样，放弃挑战汹涌的渡口，转而到一个清澈的细流之处通过，获得一种悠然自得的心境。

放下不必要的执着，同时也是原谅自己——原谅自己的做不到。哪些执着是不必要的呢？赵先生遭遇的恩怨情仇是一种，我们生活中时常遇到的那些冲动的欲望也在此范围。冲动是欲望的体现方式，但不是每一种欲望都有实现的必要性。在生活和工作中，我们的意识时时刻刻都在产生大大小小的欲望，有的稍纵即逝，有的却转化为错误的、不合时宜的行动。

努力了很久，却发现距离目标越来越远；做了长时间的准备，却发现自己根本不适合做这件事；爱了很多年，两个人的感情却走到了尽头……诸如此类的执着，尽管你咬牙坚持，内心仍然有一个声音不断提醒你："嘿，伙计，别逞能了，该放弃了。"在浮躁与宁静、不自量力地争取与淡定地放弃之间，我们的内心一直在做激烈的博弈。对那些头脑中可以确定的对人生的幸福无济于事的欲望，必须学会果断地放下，舍弃这些不必要的目标，专注地去做那些自己可以胜任的事情。

有一次，我去老同学家做客，他的书房就是事业的办公室，摆满了与名人的合影和商业的标志，书桌上放着他的未来计划。他拉着我挨个欣赏，逐一介绍："这张照片是上个月在高尔夫俱乐部拍的，这张照片是上周在海底捞拍的……这是我投资的项目，那是我下一步的想法……"我说："很好。"但还有一句话没告诉他："你活得太累了。"老同学已经是一位成功人士，但他的家不像家，却像一个欲望加工车间，每一个部件都不可或缺，无法放弃。他可能会这样忙碌一辈子，仍然不觉得满足。

这个快速发展的世界，几乎把我们每个人都塑造成了一部欲望机器。在现代社会的残酷竞争中，我们似乎难以获取平和的心境。受到浮躁的环境影响，人人都养成了追逐欲望的习惯——不这么做，就是不正常的，会被身边的人视为异类。但正因为如此，原谅和放下才显得如此重要。

当人们都在跟随世界的脚步朝前狂奔时，为什么不踩一脚刹车，走向喧嚣的另一面呢？你只需要在头脑闪烁自主思维火花的那一刻，掉转一次方向，就可以发现另一个别有洞天的世界。在那里，我们能真实地看清自己，并且体会到认知自我、享受生活的快乐！